Franz Rettenbacher

Kosmos.Licht.Farben

Eine fotografische Entdeckungsreise
vom kleinen blauen Planeten
bis zu den Sternen

Coverfoto:
Das Sagittarius Triplett, die Dreiergruppe im Sternbild des Schützen mit den Objekten Trifidnebel M20, Lagunennebel M8 und dem Nebel NGC6559, aufgenommen von der Gartensternwarte des Autors im Salzburger Pongau.

Verlag INNSALZ, Munderfing 2025
office@innsalz.eu · www.innsalz.eu
1. Auflage

Gesamtherstellung & Druck:
Aumayer druck + media GmbH, Munderfing
Printed in The European Union

ISBN: 978-3-903496-43-9

Zu diesem Buch

Vorwort

Jeden Abend das Gleiche und doch meist beeindruckend: die Sonne geht unter. Aber nicht einfach nur weg, da verwandelt sich der Himmel in ein Farbenmeer, als hätte jemand den Farbkasten umgekippt – Gold, Rot, Orange. Ein Schauspiel, und wir stehen hier auf unserer kleinen blauen Kugel und schauen zu.

Und manchmal spüren wir dabei diesen Hauch vom ganz Großen. Wir sind mittendrin in einem kosmischen Tanz, der seit viereinhalb Milliarden Jahren hier aufgeführt wird: Sonne hoch, Sonne runter, Mond rauf, Mond runter, dieser ewige Rhythmus. Das war das Erste, was den Menschen Sicherheit gab. Kein Kalender, keine Uhr – der Himmel war die Uhr! Wann säen? Wann ernten? Blick nach oben, fantastisch. Und wer diesen Code knacken konnte, wer den Himmel lesen konnte, der hatte Macht! Die Pharaonen wussten das. Die Azteken wussten das. Die nutzten das Wissen vom Kosmos, um ihre Herrschaft zu sichern. Ein grandioses Zusammenspiel von Himmel und Erde, von Wissen und Macht.

Aber für uns Himmelsgucker, da ist der Sonnenuntergang der Startschuss. Endlich wird's dunkel. Und wenn kein Mond und kein Lichtsmog stört, dann sehen Sie es: dieses schimmernde, milchige Band, das sich über den Himmel spannt, die Milchstraße, unsere Heimatgalaxie! Das Licht von Milliarden von Sternen, die da zusammengehören. Und der Name? Erzählt die Geschichte der Griechen von der Hera und der verschütteten Milch. „Galaxie"? Das war ursprünglich mal nur unsere Milchstraße. Aber heute wissen wir: Der Kosmos ist voll davon, Milliarden solcher Inseln!

Und dieser Begriff „Kosmos" oder Universum, Weltall, das ist der Überbegriff für alles. Für all diese Galaxien, Sterne, Planeten, Nebel, einfach alles. Und das Wort selbst kommt aus dem Griechischen. Es heißt Ordnung, nicht Chaos, Ordnung! Da draußen, in diesem unendlichen Raum, da gibt es Regeln, Gesetze, Physik.

„Kosmos.Licht.Farben", dieser Blick von hier, von der Erde aus in den unendlichen Kosmos. Da sehen wir die Wolken, den Mond, die Planeten, winzige Punkte aber-doch ganze Welten. Das Licht der Sterne, kosmische Nebel und Galaxien, deren Licht Jahrmillionen unterwegs war, nur um hier in unserem Auge zu landen.

Dann wird uns bewusst: Dieser Planet hier, unsere kleine blaue Murmel, unter Abermilliarden Planeten da draußen. Und ja wir suchen , aber bisher keiner, der unserer Erde auch nur annähernd das Wasser reichen könnte, was Lebensfreundlichkeit angeht. Was Schönheit angeht, ein absolutes Einzelstück, ein Juwel im Dunkeln!

Franz Rettenbacher
Pongau/Salzburg im Herbst 2025

Bild mit Blick vom Preber/Lungau, Bild: EOSRa-21-12800-0252

Inhalt

Bild vorige Seite: NGC891-25Jan-Wfw-QHY268M-TS420-HEM27EC-40LRGB120s-MFsMB-APP-LRGB1+PI+PS25aBuch
Bild diese Seite: M65-66-LeoTriplet-SPG0-Wfw-QHY268M-TS420-HEM27EC-9Ha450s-40LRGB90s-MFsMB-APP-PI PS23b
Erklärungen folgen im Buch.

Vom einfachen Sehen und Staunen

Was für Zeiten, was sich getan hat, allein durch die Digitalisierung. Das hat ja nicht nur unser Leben umgekrempelt, sondern auch die Wissenschaft und ganz besonders die Astronomie.

Früher? Unvorstellbar für die meisten: tonnenweise Technik, sündhaft teuer, jahrelang lernen. Und heute? Ja, heute kann ein Hobbyastronom mit bezahlbarer Technik, mit smarter Software, Dinge sehen und festhalten, wovon die alten Meister nur träumen konnten! Fantastische Bilder, Details – das ist für viele zugänglich geworden.

Und worum geht's da? Um „Astro", das kommt aus dem Griechischen, „αστρό", das heißt schlicht und einfach: Stern. Astronomie? Die Wissenschaft von den Sternen, die Lehre vom Kosmos. Und Astrofotografie? Ganz einfach: Wir halten diese Himmelserscheinungen mit Bildern fest: wir „malen" mit Licht.

Aber das Entscheidende, das Faszinierende, was ja auch mein geschätzter Harald Lesch immer wieder betont: Sie schauen nicht ins Jetzt, Sie schauen in die Vergangenheit. Das Licht braucht seine Zeit, Sekundenschlaf vom Mond, Minuten von der Sonne, aber dann: Lichtjahre! Das Licht, das Sie heute Abend von einem fernen Stern sehen – wer weiß, was auf der Erde los war, als das losgeschickt wurde, Astronomie ist also Ahnenforschung!

Und stellen Sie sich vor: Ein chinesischer Astronom, 1054, beobachtet eine Supernova, eine Sternenexplosion, tausend Jahre her. Und was sehen wir heute noch davon? Den Krebsnebel (M1). Den können Sie heute noch mit einem Amateurteleskop finden. Ein Ereignis von vor tausend Jahren und wir sehen heute noch die Überreste.

Die Auswahl der Objekte orientiert sich an dem, was wir Hobbyastronomen am Himmel finden können, was gut zugänglich ist. Und natürlich spielen die Jahreszeiten mit und besondere Ereignisse. Ein Komet zum Beispiel wie der Neowise 2020: den konnte man mit bloßem Auge sehen. Es gibt hier auch Infos zu den Objekten, was sehen wir da überhaupt? Und ja, auch ein bisschen Technik, für die, die es genauer wissen wollen.

Und was für Entfernungen: das sprengt doch unseren Maßstab. Mond? 400.000 Kilometer, kann man sich gerade noch vorstellen. Aber der Orionnebel? 1350 Lichtjahre! Das Licht, das da ankommt, ist gestartet, als bei uns vielleicht gerade die Romanik begann, 1350 Jahre unterwegs. Und die Andromedagalaxie, unsere galaktische Nachbarin? Zweieinhalb Millionen Lichtjahre, und nur ein winziger, winziger Fleck in diesem Kosmos. Das ist schwer zu fassen, ja, aber es macht neugierig und auch demütig.

Diese Faszination, dieses Staunen, das möchte ich mit Ihnen teilen. Auf eine Reise mit meinen Bildern und spannenden Geschichten.

Mit diesem ersten Blick in den Himmel - die Milchstraße über dem Lungau - beginnen wir unsere fotografische Reise.

Sonne und Erde

Astronomie beginnt vor der Haustür: Der Sonnenuntergang, er bedeutet nicht einfach das Verschwinden der Sonne hinterm Horizont. Die Erdrotation dreht uns von der Sonne weg, das ist der physikalische Grund. Dann beginnt die Dämmerung: zuerst die „bürgerliche", noch hell genug für Alltagsdinge, danach die „nautische" und schließlich die „astronomische" Dämmerung, perfekt für uns Sternenbeobachter.

Die Sonne ist nicht nur ein Lichtpunkt, sie ist lebensnotwendig! Sie ist das Herzstück unseres Sonnensystems. Sie liefert uns alles: Licht, Wärme, Tag-Nacht-Rhythmus, unser Wetter – alles hängt von ihr ab. Sie ermöglicht die Photosynthese in Pflanzen, die Grundlage für fast alles Leben hier. Astronomie ist also keine ferne Wissenschaft, sie ist Teil unseres Lebens, jeden Tag!

Unsere Sonne ist nur ein Stern, der Mittelpunkt unseres Systems. Aber da draußen im Universum gibt es noch unzählige, Milliarden Sterne in Milliarden Galaxien.

Der Sonnenuntergang zeigt uns also:
Wir sind Teil eines unfassbar gewaltigen kosmischen Zusammenhangs.

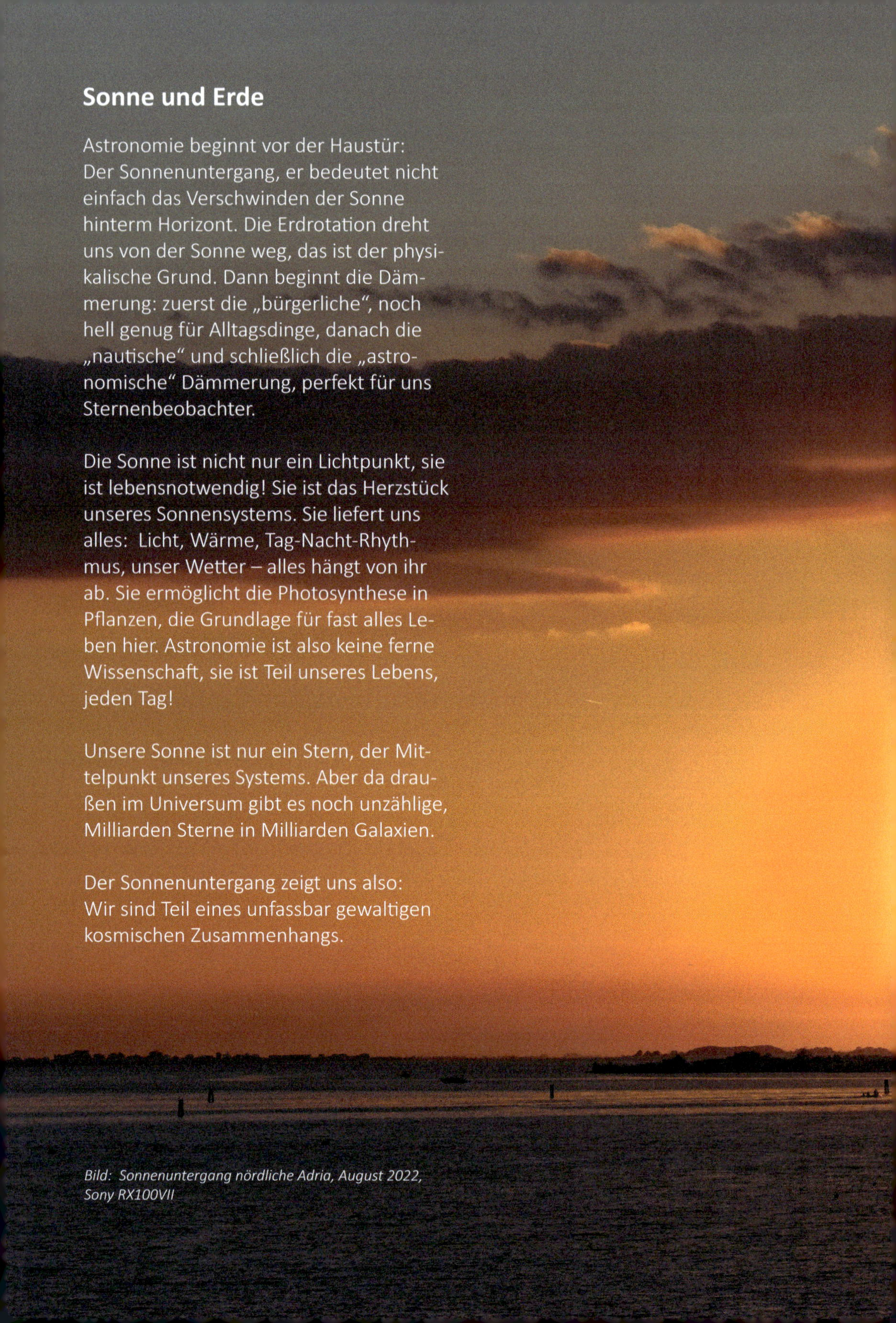

Bild: Sonnenuntergang nördliche Adria, August 2022, Sony RX100VII

Abendhimmel mit Venus und Jupiter

Jetzt wird's für Astronomiebegeisterte spannend: Die nautische Dämmerung beginnt. Je nach Jahreszeit tauchen die ersten Sterne und hellen Planeten auf. Da sehen wir oft die Venus, den hellsten inneren Planeten. Und etwas darunter, meist schwächer, den Jupiter – viel größer, aber mit 778 Millionen Kilometern viel, viel weiter weg als die Venus. Denken Sie dran: Selbst die Sonne ist „nur" 150 Millionen Kilometer entfernt. Der Jupiter ist also von uns aus gesehen weiter weg als die Sonne selbst.

Aber wie wissen wir, was wir da eigentlich sehen? Da helfen Apps wie „Sky Safari" oder das kostenlose „Stellarium", das auch ohne Installation in einem Webbrowser läuft. Sie zeigen uns genau, welche Himmelskörper gerade am Himmel zu sehen sind.

So entdecken wir den Kosmos mit Hilfe der Technik. Faszinierend.

Blick von der Caldera des Teide Richtung Gomera, Einzelaufnahme 19. März 2023, 19:54 Uhr mit Handy Samsung Galaxy S10+. Bild: Venus Jupiter Teneriffa 20230319_195432

Unser Sonnensystem

Sonne

Mitte 2024, Nordlichter in Österreich? In Mitteleuropa? Mitte 2024 sah man tatsächlich in Österreich, also bis nach Mitteleuropa Nordlichter. Was war da los?

Das war die Sonne, sie hat uns einen Gruß geschickt! Oder besser gesagt: Einen Schwall energiereicher, geladener Teilchen, die 150 Millionen Kilometer durchs All gerast sind. Und dann bei der Erde angekommen, stoßen sie mit den obersten Schichten unserer Atmosphäre zusammen. Deren Luftteilchen bringen sie schließlich zum Leuchten: Grün, Rot, das ist die Aurora!

Und diese Teilchen, woher kommen die? Das sind die Auswirkungen von gewaltigen Ausbrüchen auf der Sonne, sogenannte Flares oder koronale Massenauswürfe. Stellen Sie sich das vor: Materieausbrüche, die mehr als das Zehnfache der Erdgröße erreichen können, riesige Eruptionen auf unserem Stern. Und die sind nicht zufällig, die haben oft einen Rhythmus, so einen elfjährigen Zyklus, in dem die Sonne mal mehr, mal weniger aktiv ist.

Unvorstellbar viel Energie! Aber wieviel davon kriegen wir auf der Erde ab? Heute reichen wenige Quadratmeter Solarzellen, um Energie gleich der Leistung eines Pferdes oder besser „1 PS" zu erzeugen.

Was ist die Sonne denn überhaupt? Ein riesiger Gasball, hauptsächlich Wasserstoff und Helium. Und in ihrem Inneren... da passiert das Entscheidende: da wird Wasserstoff unter unfassbarem Druck und Hitze zu Helium verschmolzen. Kernfusion, das ist der Prozess, der diese gewaltige Energie freisetzt, als Wärme, als Licht!

Wie ist dieser riesige Ofen entstanden? Vor ungefähr 4,6 Milliarden Jahren, da war hier nichts als eine riesige Wolke aus Gas und Staub. Wahrscheinlich die Überreste von Sternen, die davor gelebt haben. Und dann hat die Schwerkraft zugeschlagen: die Wolke ist unter ihrem eigenen Gewicht kollabiert, immer dichter, immer heißer, im Zentrum... ein Protostern. Als die Temperatur und der Druck hoch genug waren... Zündung! Die Kernfusion setzte ein, ein Stern war geboren, unsere Sonne.

Aber auch dieser Stern lebt nicht ewig. In so ungefähr 5 Milliarden Jahren ist der Wasserstoff im Kern verbraucht. Was passiert dann? Dann bläht sich die Sonne auf, wird ein Roter Riese. So riesig, dass sie die inneren Planeten... Merkur, Venus... und ja... vielleicht auch die Erde... verschlingen wird, ein heißes Ende! Bevor sie dann ihre äußeren Schichten ins All abstößt und als kleiner, heißer Rest... ein Weißer Zwerg... zurückbleibt. Ein kosmisches Drama über Jahrmilliarden. Und wir? Wir dürfen für ein paar Jährchen dabei zusehen und uns die Nordlichter anschauen, wenn die Sonne mal wieder kräftig niest!

Bild mit größeren Sonnenaktivitäten erstellt am 19. August 2025 mit Acuter Elite Phoenix 40/400 und QHY5III678M, 45 Sek. SER mit 7ms und Gain 0, verarbeitet mit SharpCap · AutoStakkert · PixInsight · ImPPG · Photoshop. Mit freundlicher Genehmigung von Daniel Nimmervoll, www.astro-fotgrafie.at

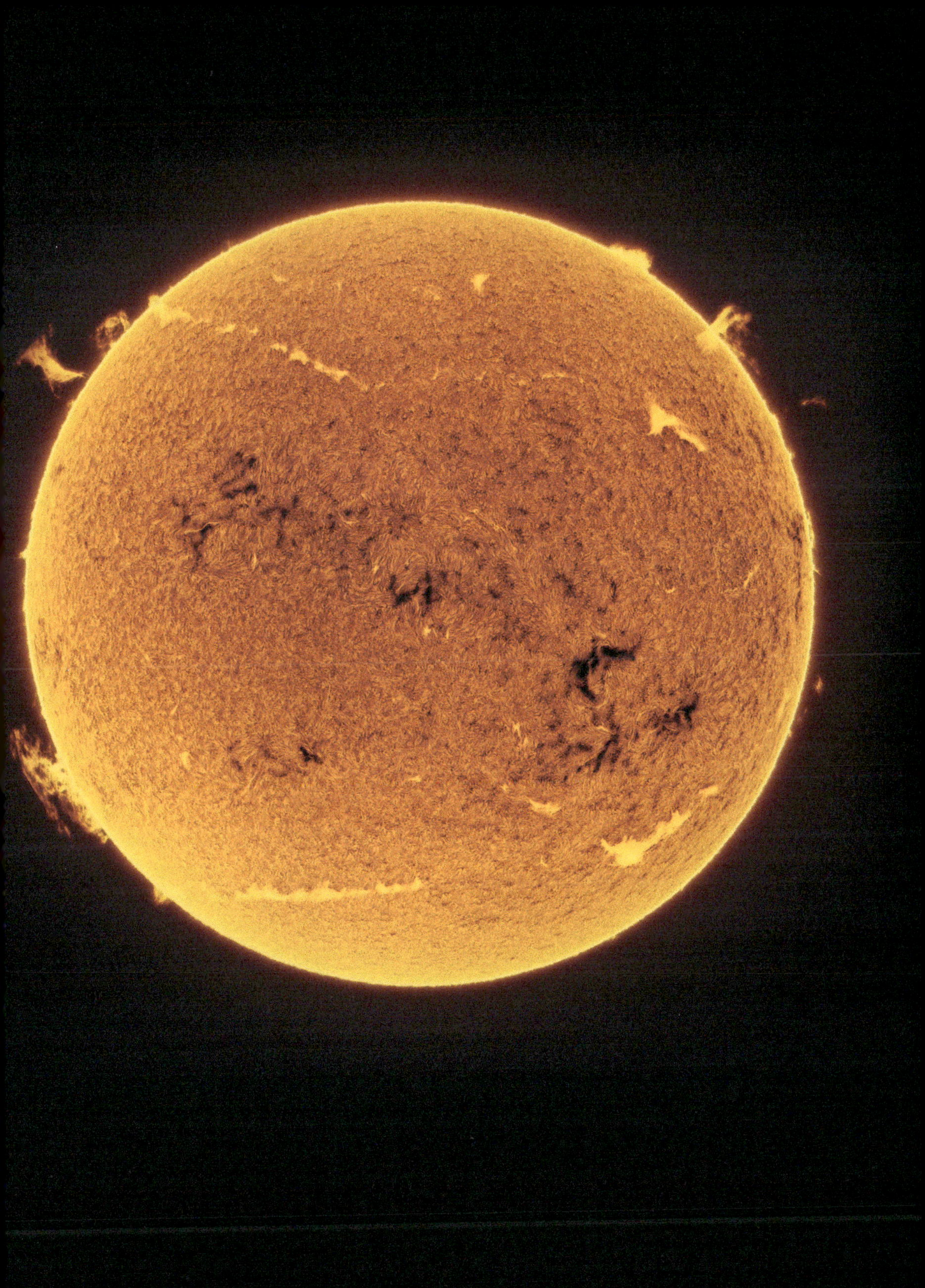

Sonnenhalo

Ein seltenes Schauspiel am Himmel: ein strahlender Sonnenhalo, entstanden in etwa 10km Höhe, wo es richtig kalt ist. Das Sonnenlicht traf dabei auf Millionen winziger sechseckiger Eiskristalle. Diese schweben in der Luft und bilden die dünnen Zirrus- oder Cirrostratuswolken.

Bei einem perfekten Zusammenspiel von Temperatur und Einfallswinkel des Sonnenlichts entstehen dabei Licht- und Farbeffekte von unzähligen kleinen Eisprismen. Das ist Physik und Astronomie zum Anfassen oder besser gesagt: zum Anschauen.

Technische Details: Dies Einzelaufnahme entstand am 7. April 2025 als Schnappschuss mit einem Samsung Galaxy S10+ Smartphone im Salzburger Pongau und wurde mit Adobe Photoshop nachbearbeitet. Mit Hinweisen aus 6, 24.4.2025

Mond

Vor meiner warmen und gemütlichen Schreibstube aus sehe ich Schneeflocke für Schneeflocke auf den Boden sinken. Es ist Ende November, der erste Schnee, alles wird weiß, die Farben des Herbstes sind weg! Aber warum ist das eigentlich so? Jedes Kind weiß, das sind die Jahreszeiten. Aber wie entstanden die?

Es ist die Schieflage der Erde! Die Jahreszeiten entstehen durch die 23,5 Grad geneigte Erdachse. Diese Neigung führt dazu, dass die Sonneneinstrahlung im Laufe des Jahres variiert, was unterschiedliche Temperaturen und Tageslängen zur Folge hat. Je weiter man vom Äquator entfernt ist, desto größer sind diese Unterschiede. Für meinen 47. Breitengrad bedeutet das etwa 8 Stunden Tageslicht im Winter und 16 Stunden im Sommer. Auf der Südhalbkugel ist es genau umgekehrt: Wenn bei uns Winter ist, ist dort Sommer (und umgekehrt). Der 21. Dezember markiert dort den Sommerbeginn.

Aber was hat das nun alles mit dem Mond zu tun? Der Mond entstand nach der gängigen Kollisionstheorie durch den Aufprall des marsgroßen Planeten Theia mit der jungen Erde. Dabei wurden Teile beider Körper ins All geschleudert, die sich dann zum Mond formten. Dieser war anfangs auch viel näher an der Erde. Der Zusammenstoß führte letztlich zur Schieflage der Erdachse.

Aber: der Mond ist wichtig. Ohne den Mond gäbe es keine Gezeiten, eine möglicherweise veränderte Evolution, eine viel schnellere Erdrotation und eine instabile Erdachse mit Polwanderungen.

Der Mond selbst ist nur ein Gesteins- und Metallkörper (ca. 3.474 km Durchmesser) mit Kratern, Tälern und Hügeln. Die dunklen Flecken („Mare“) sind durch frühere Meteoriteneinschläge entstanden. Der Mond hat keine Atmosphäre und extreme Temperaturschwankungen. Menschen betraten den Mond erstmals 1969 mit der Apollo 11 Mission.

Einzelaufnahme: 9. Mai 2022, Gartensternwarte Pongau, Canon EOS Ra mit Canon 2x800mm, 1 CR3 Aufnahme mit 1/5 Sekunde, f/22, ISO 100.. Mit Hinweisen aus 1, 5/2024

Mars

Der rote Mars: Seine rötliche Farbe ist schon lange bekannt und führte in vielen Kulturen zur Benennung nach Kriegsgöttern. Er ist der vierte Planet von der Sonne aus gezählt und der zweitkleinste Planet in unserem Sonnensystem, nur Merkur ist kleiner. Er gehört zu den Gesteinsplaneten und wird oft als „Roter Planet" bezeichnet, da seine Oberfläche durch Eisenoxide (Rost) eine charakteristische rötliche Farbe hat.

Mit einem Durchmesser von knapp 6.800 Kilometern ist er etwa halb so groß wie die Erde. Ein Marsjahr dauert etwa 687 Erdtage, ein Marstag ist mit etwa 24,6 Stunden nur geringfügig länger als ein Erdentag. Der Mars hat eine sehr dünne Atmosphäre, die hauptsächlich aus Kohlendioxid besteht. Der atmosphärische Druck ist sehr niedrig.

Der Mars hat zwei kleine, unregelmäßig geformte Monde: Phobos und Deimos. Er ist einer der am intensivsten erforschten Himmelskörper. Zahlreiche Raumsonden, Lander und Rover wurden und werden dorthin geschickt, um seine Geologie, Atmosphäre und die Möglichkeit vergangenen oder gegenwärtigen Lebens zu untersuchen.

Venus

Die heiße Venus ist der zweitnächste Planet zur Sonne und der Erde in Größe und Masse sehr ähnlich, weshalb sie oft als „Schwesterplanet" bezeichnet wird. Sie ist ein Gesteinsplanet, aber mit einer extrem dichten und giftigen Atmosphäre, die hauptsächlich aus Kohlendioxid und Schwefelsäurewolken besteht. Aufgrund eines starken Treibhauseffekts ist Venus der heißeste Planet im Sonnensystem. Sie dreht sich sehr langsam und entgegen der Rotationsrichtung der meisten anderen Planeten. Ein Venustag ist länger als ein Venusjahr. Venus ist ein sehr helles Objekt am Himmel, oft als Morgen- oder Abendstern sichtbar.

Quelle: OSIRIS_Mars_true_color von ESA Raumsonde Osetta, Venus-NASA-Mariner10-PIA23791_fig2
Texte aus 6, 22.4.2025

Jupiter

Jupiter, der Gasriese: mit einem Äquatordurchmesser von rund 143.000 Kilometern ist er der größte Planet des Sonnensystems. Mit einer durchschnittlichen Entfernung von 778 Millionen Kilometern ist er von der Sonne aus gesehen der fünfte Planet. Gemäß seiner Bedeutung als größter Planet wurde er auch nach dem römischen Hauptgott Jupiter benannt.

Er hat – wie auch Saturn, Uranus und Neptun – keine feste Oberfläche und zählt somit zu den Gasplaneten. Die schon im kleinen Fernrohr sichtbaren, fast parallelen Streifen sind farbige Wolkenbänder.

Seit 2023 sind 95 Jupitermonde bekannt. Die vier größten sogenannten Galileischen Monde Ganymed, Kallisto, Io und Europa haben Durchmesser zwischen 5262 und 3122 km und wurden bereits 1610 von Galileo Galilei entdeckt. Jupiter ist das dritthellste Objekt des Nachthimmels nach Mond und Venus.

Saturn

Der Saturn ist von der Sonne aus gesehen der sechste Planet des Sonnensystems und mit einem Äquatordurchmesser von etwa 120.500 Kilometern (9,5-facher Erddurchmesser) nach Jupiter der zweitgrößte. Mit 95 Erdmassen hat er jedoch nur 30 % der Masse Jupiters. Wegen seines auffallenden und schon im kleinen Fernrohr sichtbaren Ringsystems wird er oft auch der Ringplanet genannt, obwohl auch bei den anderen drei Gasplaneten Ringsysteme gefunden wurden.
Der Saturn hat eine durchschnittliche Entfernung zur Sonne von gut 1,43 Milliarden Kilometern, seine Bahn verläuft zwischen der von Jupiter und der des sonnenferneren Uranus. Er ist der äußerste Planet, der auch mit bloßem Auge gut sichtbar ist, und war daher schon Jahrtausende vor der Erfindung des Fernrohrs bekannt.
Derzeit, also 2025 sind die Ringe durch seinen Beobachtungswinkel nur als Striche erkennbar.

Quellen, gemeinfrei aus: http://photojournal.jpl.nasa.gov/catalog/PIA02873, Saturn: NASA-Bild gemeinfrei aus https://de.wikipedia.org/wiki/Saturn_(Planet)#/media/Datei: Saturn_from_Cassini_Orbiter_(2004-10-06).jpg. Bild: Saturn_from_Cassini_Orbiter_(2004-10-06).jpg. Texte aus 1, 5/2024

Sonnenfinsternis

Wer eine totale Sonnenfinsternis einmal persönlich erlebt hat - meine letzte erlebte ich 1999 - wird die fast unheimliche Stimmung nicht mehr vergessen. Sobald sich der Mond zur Gänze vor die Sonne schiebt, bricht eine tiefe Dämmerung herein, die Tiere der Umgebung hören auf Laute und Geräusche von sich zu geben, es ist plötzlich ganz still.

Eine Sonnenfinsternisse hat auch früher besonders starke Eindrücke hinterlassen. Da war eine Sonnenfinsternis am 28. Mai 585 v. Chr.: die am Fluss Hadys gegeneinander kämpfenden Meder und Lydier sahen plötzlich die Sonne „verschwinden“., da stellten sie abrupt ihre Kämpfe ein. Und nicht nur das: Sie schlossen nach 5 Jahren Krieg sogar Frieden!

Die nächste totale Sonnenfinsternis in Europa findet am 12. August 2026 statt und ist bspw. in Nordspanien zu sehen!
Und in dieser Geschichte taucht ein

Mondfinsternis

Name auf: Thales von Milet! Ein griechischer Gelehrter und ein früher Astronom! Ihm wird nachgesagt, er hätte diese Finsternis sogar vorausgesagt, im 6. Jahrhundert vor Christus! Ohne Computer, ohne all unser Wissen, das zeigt, wie weit die Astronomen damals schon waren. Der hat sich intensiv mit der Bewegung der Sonne beschäftigt, mit den Jahreszeiten, sogar die Anzahl der Tage im Jahr auf 365 festgelegt, ein brillianter Kopf! Und damit wir ihn nicht vergessen, gibt es heute einen Krater auf dem Mond, der nach ihm benannt ist.

Ein schöner astronomischen Vorgang ist auch die Mondfinsternis. Hier ist es genau umgekehrt: Die Erde schiebt sich zwischen Sonne und Mond. Da der Mond selbst kein Licht sendet, kommt es bei völliger Überlappung des Erdschattens mit dem Mond zur kompletten Mondfinsternis. Eine Animation der Mondfinsternis 7.Sept. 2025 hier per QR-Code.

Quelle: NASA GFSC https://www.flickr.com/photos/gsfc/48266495966/in/photostream/
Bild: SonnenfinsternisNASA GSFC Total Solar Eclipse - July 2, 2019 _ The diamond ring effect... _ Flickr.JPG. Die Mondfinsternis ist eines meiner ersten Astrobilder aus dem Jahre 2001, genauer am 9. Jänner. Aufgenommen mit meiner ersten Digitalkamera Kodak DSC330, Auflösung damals: 3MB .
Bild: Mondfinsternis-2011Jan09-A165-KodakDCS330C-300mm0.03sF22-ausM8LX2364.jpg

Flussdelta am Mars?

Erinnern Sie sich noch? Anfang 2021, da erreichte die Begeisterung für unbemannte Marsflüge einen Höhepunkt: Der Marsroboter Perseverance landete im Jerzerokrater. Aber nicht allein, sondern zusammen mit seinem Kleinhelikopter Ingenuity.

In verschiedenen Missionen wurde der Mars aber bereits länger erkundet. Dabei entstanden auch Bilder, die mich elektrisierten: mechanische Spuren, die nur Wasser hinterlassen kann, vielleicht ein vertrocknetes Flussdelta. Dieses mündet in einen Krater, dessen Spuren ebenfalls wie von Wasser geschaffen aussehen. Man nennt diesen Bereich nach dem slowenischen Wort „See" Jerzerokrater. Eine Landschaft also die vielleicht so klimafreundlich war, dass sich über längere Zeit sogar flüssiges Wasser bilden konnte, von dem wir heute nur mehr die Abdrücke im Sand und sogar im Gestein sehen.

Was ist passiert? Wo ist das Wasser hin? Ist das Klima gekippt? Endgültige Gewissheit sollen Gesteinsproben geben, die bereits vom Marsrover gesammelt und für einen späteren Abtransport abgelegt wurden.

Die Höhe vom Boden zum Rand des Sees beträgt übrigens etwa 2.700 Meter.

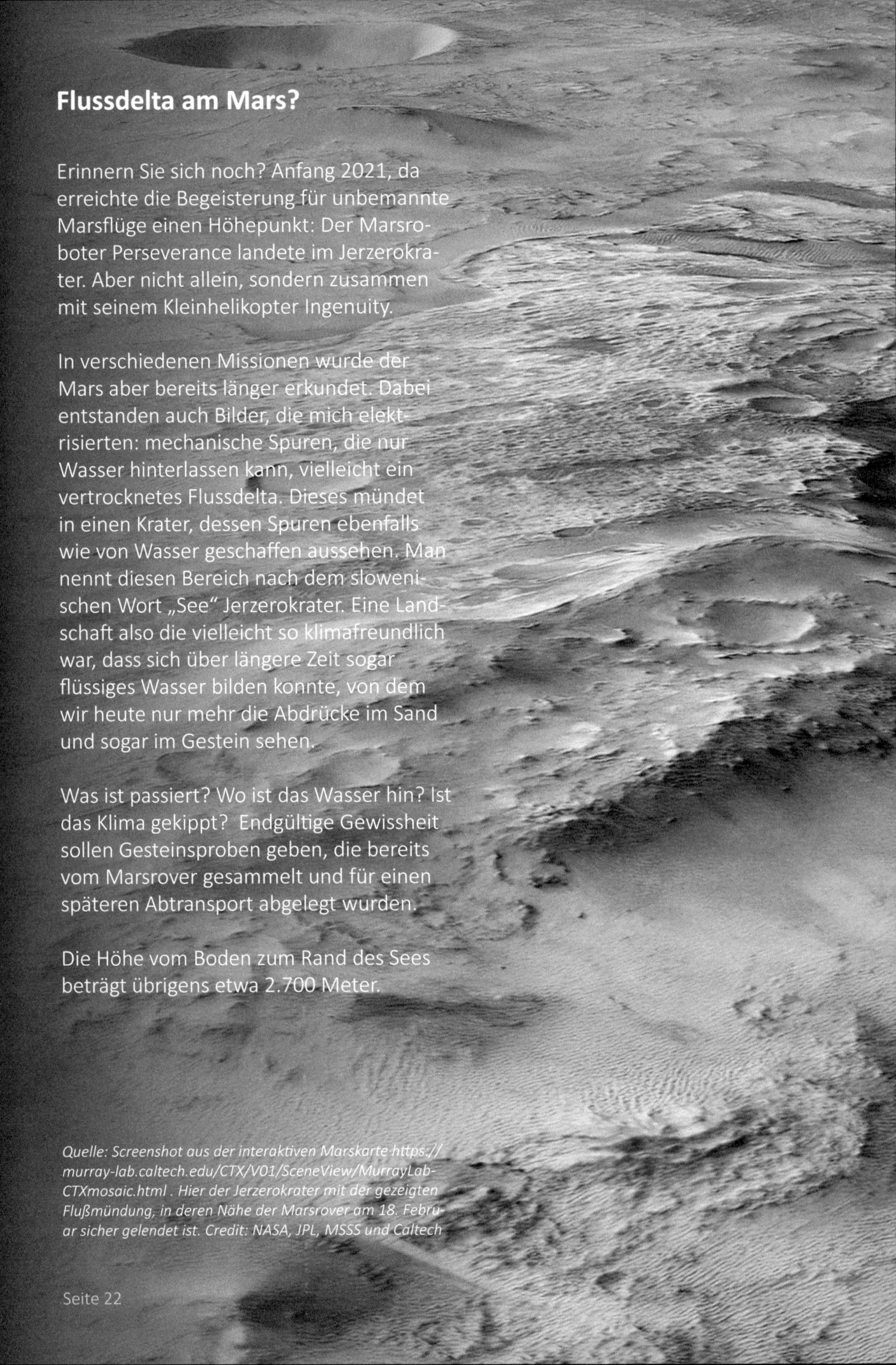

Quelle: Screenshot aus der interaktiven Marskarte https://murray-lab.caltech.edu/CTX/V01/SceneView/MurrayLab-CTXmosaic.html . Hier der Jerzerokrater mit der gezeigten Flußmündung, in deren Nähe der Marsrover am 18. Februar sicher gelendet ist. Credit: NASA, JPL, MSSS und Caltech

Auch so eine Aufnahme, wo´s Klick macht: Das Bild „Earthrise“, also „Erdaufgang“ aus der Apollo 8 Mission wurde am 24. Dezember im Jahr 1968 während der vierten von zehn Umkreisungen des Monds gemacht. Es ist eine symbolträchtige Aufnahme mit Blick auf die Erde, die gerade majestätisch über dem Mondhorizont aufsteigt.

Ursprünglich entstand das Bild als Schwarzweißbild und wurde später in Farbe und Auflösung angepasst.

Bereits mehr als 2.000 Jahre früher um 240 v. Chr. berechnete der griechische Gelehrte Eratosthenes ohne diesen Blick auf die Erde deren Umfang und damit auch ihre Gestalt als Kugel: am Tag der Sommersonnenwende stellte er fest, dass in Syene die Sonne keinen Schatten warf, während sie in Alexandria 1/50 eines Vollkreises vom Zenit entfernt war. Da er den Abstand zwischen den beiden Städten mit 5.000 Stadien kannte, konnte er den Erdumfang auf 250.000 Stadien berechnen. Dieser Wert (etwa 39.275 km) ist erstaunlich nahe am tatsächlichen Wert von 40.075 km.

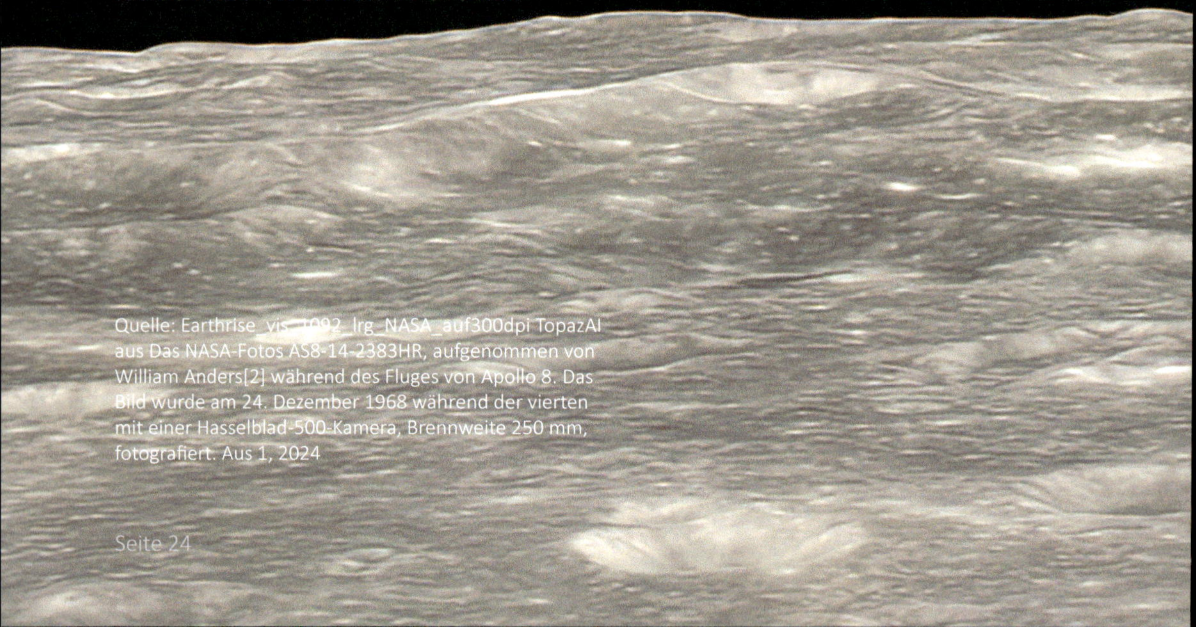

Quelle: Earthrise_vis_1092_lrg_NASA_auf300dpi TopazAI aus Das NASA-Fotos AS8-14-2383HR, aufgenommen von William Anders[2] während des Fluges von Apollo 8. Das Bild wurde am 24. Dezember 1968 während der vierten mit einer Hasselblad-500-Kamera, Brennweite 250 mm, fotografiert. Aus 1, 2024

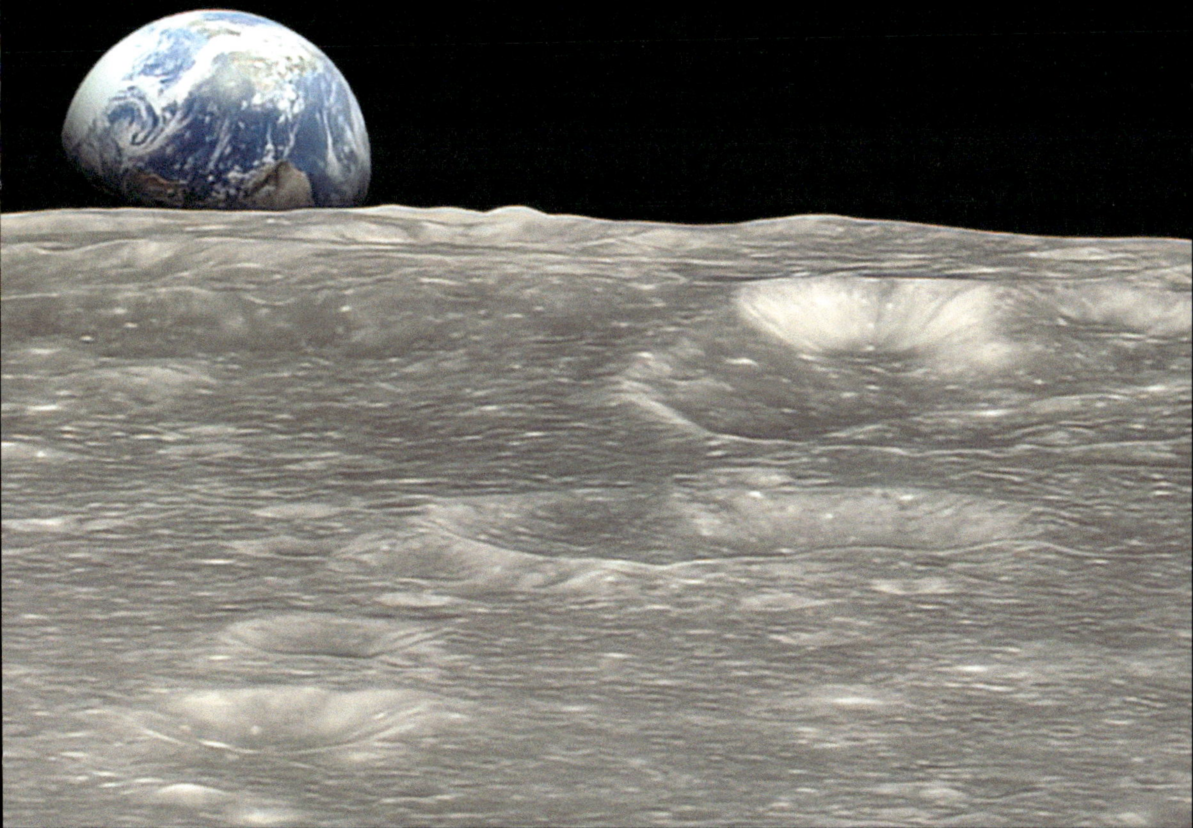

Unsere Erde

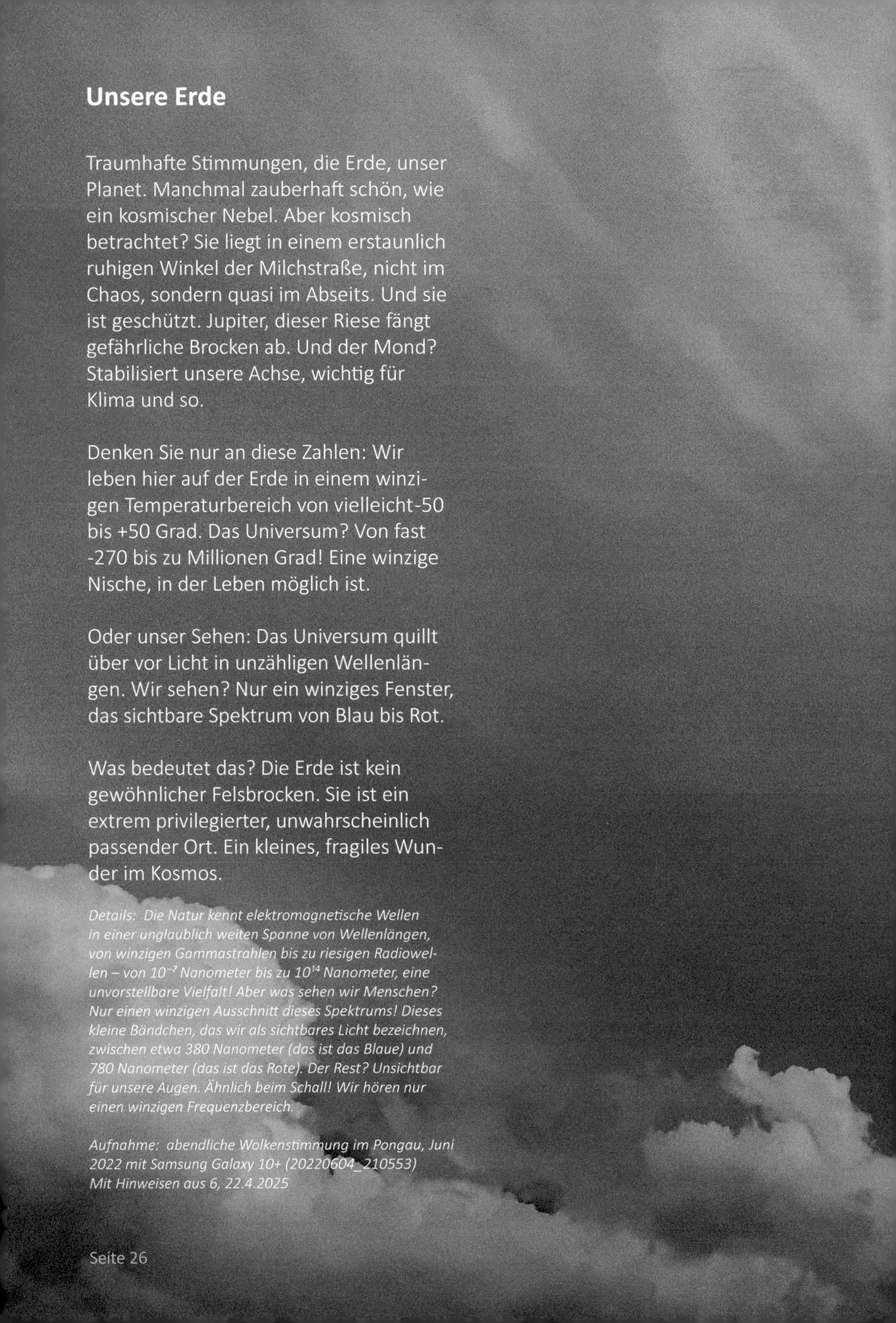

Traumhafte Stimmungen, die Erde, unser Planet. Manchmal zauberhaft schön, wie ein kosmischer Nebel. Aber kosmisch betrachtet? Sie liegt in einem erstaunlich ruhigen Winkel der Milchstraße, nicht im Chaos, sondern quasi im Abseits. Und sie ist geschützt. Jupiter, dieser Riese fängt gefährliche Brocken ab. Und der Mond? Stabilisiert unsere Achse, wichtig für Klima und so.

Denken Sie nur an diese Zahlen: Wir leben hier auf der Erde in einem winzigen Temperaturbereich von vielleicht-50 bis +50 Grad. Das Universum? Von fast -270 bis zu Millionen Grad! Eine winzige Nische, in der Leben möglich ist.

Oder unser Sehen: Das Universum quillt über vor Licht in unzähligen Wellenlängen. Wir sehen? Nur ein winziges Fenster, das sichtbare Spektrum von Blau bis Rot.

Was bedeutet das? Die Erde ist kein gewöhnlicher Felsbrocken. Sie ist ein extrem privilegierter, unwahrscheinlich passender Ort. Ein kleines, fragiles Wunder im Kosmos.

Details: Die Natur kennt elektromagnetische Wellen in einer unglaublich weiten Spanne von Wellenlängen, von winzigen Gammastrahlen bis zu riesigen Radiowellen – von 10^{-7} Nanometer bis zu 10^{14} Nanometer, eine unvorstellbare Vielfalt! Aber was sehen wir Menschen? Nur einen winzigen Ausschnitt dieses Spektrums! Dieses kleine Bändchen, das wir als sichtbares Licht bezeichnen, zwischen etwa 380 Nanometer (das ist das Blaue) und 780 Nanometer (das ist das Rote). Der Rest? Unsichtbar für unsere Augen. Ähnlich beim Schall! Wir hören nur einen winzigen Frequenzbereich.

Aufnahme: abendliche Wolkenstimmung im Pongau, Juni 2022 mit Samsung Galaxy 10+ (20220604_210553)
Mit Hinweisen aus 6, 22.4.2025

Erderwärmung

Unser Planet wird eines Tages verglühen. Ja, das ist die langfristige Prognose. Stellen Sie sich vor: In rund fünf Milliarden Jahren geht unserer Sonne der Brennstoff aus. Sie bläht sich auf zum Roten Riesen und verschlingt die inneren Planeten, wahrscheinlich auch die Erde. Verglüht. Ein kosmisches Ende.

Aber für uns hier und jetzt ist das nicht das entscheidende Problem. Denn lange, lange bevor das passiert – in vielen Millionen Jahren schon – wird die Erde für uns unbewohnbar. Die Sonne strahlt im Lauf der Zeit einfach heißer, die Ozeane verdampfen, die Oberfläche wird zur glühenden Wüste.

Bild: Gemini_Generated_Image_wd3evpwd3evpwd3e, „Die Sonne bläht sich zum grossen Ball auf und verschluckt die Erde" erstellt mit 6, 6/2024, Quelle WWF: https://www.wwf.de/themen-projekte/klimaschutz/wwf-klimarechner.

Die aktuelle Erderwärmung, die wir erleben, hat mit diesem fernen Schicksal nichts zu tun. Das sind ganz andere Zeitskalen. Aber! Diese jetzige Erwärmung ist unser ernstes Problem. Ein Problem, das uns zwingt, jetzt zu handeln. Nicht für die nächsten Milliarden Jahre, sondern für unsere Kinder und Enkelkinder. Damit sie noch einen lebenswerten Planeten vorfinden. Jeder Mensch hinterlässt Spuren, einen Fußabdruck. Je kleiner, desto besser. Das ist klar.

Wenn Sie wissen möchten, wie groß Ihr Fußabdruck ist und wo Sie ansetzen können, schauen Sie mal bei einem Klimarechner vorbei, hier der vom WWF per QR-Code:

Der Kosmos im (nördlichen) Sommer
Rund um die Milchstraße

Wir sehen einen Teil der Milchstraße, der sich im (nördlichen) Sommer, hoch oben am Himmel, also Richtung Zenit befindet.

Es ist ein großer Ausschnitt mit dem nach seiner Form benannten Nordamerikanebel, den Schmetterlingsnebel und dem Sichelnebel, geformt vom mächtigen Wind eines sterbenden Sterns. Und zuletzt links der Cirrus- oder Veil Nebeln (NGC 6960- 6995), die expandierenden Überreste einer gewaltigen Supernova-Explosion, hier im Buch unter „Der Schrei sterbender Sterne" beschrieben.

Die astronomischen Bezeichnungen sind: Nordamerikanebel (NGC 7000), Schmetterlingsnebel (IC 1318), Sichelnebel (NGC 6888) und Cirrus- oder Veilnebeln (NGC 6960- 6995)

Quelle: IC1318_Veil_NGC700-2023Sept25-Wfw-QHY268M-C70mm2.8-SGP105Grad-HEM27EC-noOAG-Mond82-450sx19Ha15OIII8SII-APP-SHO3-PImitSPCC+PS25aBuch Technische Details: insgesamt 42 Schmalbandaufnahmen (Ha, OIII und SII) vom 25. Sepetember 2023 mit je 450 Sekunden, also Aufnahmen von mehr als 6 Stunden Gesamtzeit. Gestackt mit Astropixelprozessor, entwickelt mit Pixinsight imf Adobe Photoshop Bild: IC1318_Veil_NGC700-2023Sept25-Wfw-QHY268M-C70mm2.8-SGP105Grad-HEM27EC-noOAG-Mond82-450sx19Ha15OIII8SII-APP-SHO3+PS24a

Das „Quartett“ der Milchstraße

Wir blicken nachts hinauf und sehen: Sterne, Pünktchen am Himmel. Aber was sind diese Pünktchen wirklich? Das sind Sonnen, Milliarden über Milliarden Sonnen, versammelt in riesigen Sterneninseln, die wir Galaxien nennen. Und ja, es gibt nicht nur unsere eine Galaxie, die Milchstraße – es gibt Milliarden von ihnen da draußen! Unvorstellbar, oder? Jede dieser Galaxien, eine Ansammlung von Milliarden Sternen, von denen viele unserer eigenen, gemütlichen Sonne gar nicht unähnlich sind.

Und viele dieser Sonnen haben, genau wie unsere, ein eigenes Planetensystem. Mit einem Planeten, oder auch mal mehreren. Wir hier, in unserem kleinen Winkel des Kosmos, haben acht davon, die brav ihre Bahnen um die Sonne ziehen. Da ist der schnelle Merkur, die gleißende Venus, dann natürlich – unser Zuhause! – die Erde, der rote Mars, der Gasriese Jupiter, der beringte Saturn, der eisige Uranus und ganz weit draußen, unfassbare 4,6 Milliarden Kilometer entfernt von unserer Sonne, der ferne Neptun.

Aber unsere Heimatgalaxie, die Milchstraße: Die sehen wir, in dunklen Nächten, ein Band am Himmel und sie ist riesig. Über 100.000 Lichtjahre im Durchmesser, bis zu 15.000 Lichtjahre dick. Zum Vergleich: von der Sonne zur Erde sind es gerade mal 8 Lichtminuten.

Und in dieser gigantischen Scheibe gibt's natürlich einiges zu sehen. Wir zoomen rein auf ein paar Highlights, das „Sommerquartett“ (oder Quintett). Das sind Nebel, also Gas- und Staubwolken, Sternenfabriken! Die kann man nicht auf einer einzigen Aufnahme sehen, ich habe sie zur besseren Orientierung nachträglich reinkopiert. Und wie finden wir das am Himmel? Da hilft Software, beispielsweise Sky Safari oder Stellarium, das ginge auch webbasierend.

Und die Entfernungen zu diesen Schmuckstücken? Auch beeindruckend, aber im Vergleich zur Größe der Milchstraße fast schon nah. Von oben nach unten sind das: Der Adlernebel (M16) in „nur“ 7.000 Lichtjahren Entfernung, der Omeganebel (M17) mit 4.800 Lichtjahren, und dann, über 5.200 Lichtjahre weit weg, der Trifidnebel (M20) und der Lagunennebel (M8).

Diese Nebel, diese faszinierenden Wolken aus Gas und Staub, das sind Sternenwiegen, hier werden neue Sterne geboren! Und diese Objekte, dieses kosmische „Quartett“, die werde ich Ihnen nun noch genauer vorstellen.

Also tauchen wir ein in die Wunder der Milchstraße und ihre faszinierenden Bewohner, es gibt so viel zu entdecken!

Unbearbeitetes Einzelbild vom 10. September 2021 vom Preber im Lungau in der Nähe der Grazerhütte mit ca. 1800m Seehöhe. Mit Farbkamera Canon EOS Ra auf Stativ, 24mm Brennweite (Ausschnitt), ca. 10 Sekunden bei Blende 6.3 und hoher ASA. Die farbigen Nebeln sind mehrfachbeleichtet und nachträglich in das Bild kopiert worden.
Mit Hinweisen aus 6, 24.4.2025

Adlernebel (M16)

Der bekannte Adlernebel: ein markantes kosmisches Kunstwerk, im (nördlichen) Sommer in der Milchstraße perfekt sichtbar und gerade mal so 7.000 Lichtjahre entfernt! Was ist das? Eine riesige Wolke aus Gas und Staub, ja, aber vor allem: eine Sternenfabrik! Im Zentrum dieses Nebels finden wir den Sternhaufen NGC 6611, vollgepackt mit jungen, extrem heißen und massereichen Sternen. Und die machen ordentlich Stimmung: Ihre intensive ultraviolette Strahlung bringt das umgebende Gas zum Leuchten und formt dabei spektakuläre Strukturen: hier entsteht Neues im Kosmos, ein beeindruckender Blick in die Geburtsstuben der Sterne! Die erinnern an einen Adler, daher der Name „Adlernebel". Diese Strukturen vom Zentrum haben unter der Bezeichnung „Säulen der Schöpfung" auch außerhalb der Astronomiegemeinde ikonische Aufmerksamkeit erlangt

Quelle: M16_M17_2023Aug21_Wfw_QHY268M_TS420_HEM27EC_12SHO_7LUM_APP-PImitSPCC PS24a . Panorama von Adlernebel und Schwannebel, auf der Folgeseite Detailaufnahme Adlernebel (Bildquelle: M16-25Jun-Wfw-QHY268m-Lac1200-CGX-35SHO600s-52LRGB90s-MFsMFDsMDsMBs-APP-SHO3+PI+PS25fBuch). Animationsvideo Adlernebel per QR-Code mit Hinweisen aus 6, 24.4.2025

Schwannebel (M17)

Warum leuchtet der Emissionsnebel so rot und rosa? Auch hier ist es wieder die Strahlung junger Sterne, die das Gas anregt und zum Leuchten bringt! Er sitzt ebenfalls im Sagittarius-Arm unserer Milchstraße, einer echten Geburtsstätte für Sterne. Im Sichtbaren ist er etwa 15 Lichtjahre groß, aber die ganze Gaswolke, das Material, das hat einen Durchmesser von schon 40 Lichtjahren!

Und das Brodeln geht weiter! Sterne entstehen immer in diesem H-II-Gebiet! Da stecken schon 35 junge Sterne als kleiner Haufen drin.

Masse? Rund 800 Sonnenmassen Material. Man findet den Nebel leicht am Himmel, gleich neben oder besser unter dem berühmten Adlernebel, M16.

Trifidnebel (M20)

Der Trifidnebel, M20, ist so um die 5000 Lichtjahre weg und spektakulär, weil er uns drei Nebelarten zeigt: das rote Leuchten des Emissionsnebels, wo Sterne Gas zum Glühen bringen, das blaue Funkeln des Reflexionsnebels, wo Staub das Sternenlicht reflektiert und diese dunklen Flecken, die Dunkelnebel – dichte Staubwolken, die alles dahinter verdecken. Ein kosmisches Dreigestirn, ein Trifid!

Und aus der Sicht des Beobachters gleich in der Nähe: der Lagunennebel, M8. Mit ca. 5200 Lichtjahre Entfernung ist er aber weiter von uns entfernt, aber riesig, 50 bis 100 Lichtjahre groß: auch er ein prachtvoller Emissions- und Reflexionsnebel, leuchtend in Rot und Blau.

Und mittendrin, da glüht's: Da ist ein junger Sternhaufen, NGC 6530. Sterne, die gerade erst geboren sind und das Gas

Bild: Auszug aus M8_M20_NGC6559_Sagittarius_Triplet_2023Aug20_Sept1_Wfw_QHY268M_TS420_HEM27EC_450Sek7Ha8OIII5SII_APP_PI SPCC PS23d. , mit Hinweisen aus 6, 24.4.2025. Detailbild mit dem Lacerta 1200/300mm auf übernächster Doppelseite: M20-25Aug-Wfw-QHY268M-Lac1200-CGX-26SHO600s-26LRGB120s-MFsMFDsMDsMBs-APP-SHO3+PI+PS25bNik6-Buch

Lagunennebel (M8)

um sich herum so richtig anheizen und durch ihre intensive Strahlung ionisieren. Und das Gas? Das fängt an zu leuchten, wie eine kosmische Neonröhre!

Das Ganze ist eine aktive Sternenfabrik. Hier entstehen neue Sterne aus Gas und Staub. Man findet hier sogar diese dichten, dunklen Klumpen, die Bok-Globulen – quasi Sternen-Kinderstuben.

Und das Faszinierende: Aufgrund seiner Helligkeit (etwa 6,0 mag) und Größe ist der Lagunennebel schon mit einem Fernglas zu sehen. In größeren Teleskopen und auf lang belichteten Fotografien werden dann wie hier und besonders auf der folgenden Doppelseite auch feine Details der Gas- und Staubstrukturen sichtbar.

Doppelbild auf Folgeseite: Großaufnahme Lagunennebel M8 mit dem Lacerta 1200/300mm: M8-25Jul-Wfw-QHY268m-Lac1200-CGX-17SHO900s-17LRGB120s-MFsMFDsMDsMBs-APP-LRGB1+PI+SPCC+PS25bNik6Buch   *Animationsvideo beider Nebeln per QR-Code*

Blasen- und Hummernebel in bunter Gesellschaft

Hummernebel (NGC 6357)

Sh2-157, ein Emissionsnebel, auch Hummernebel genannt. Das ist eine Sternenfabrik, 11.000 Lichtjahre weit weg, das Licht, das wir sehen, ist 11.000 Jahre alt! Dieser Nebel ist so lichtschwach, so zart, dass ich mit den Spezialfiltern H-Alpha und OIII lange belichten musste, um überhaupt etwas zu sehen.

Unser Hummernebel ist nicht allein: wir sehen ihn in Gesellschaft mit dem faszinierenden Blasennebel (NGC 7635),

Technische Details: aufgenommen am 20. August 2023 in meiner Gartensternwarte im Pongau mit Kamera QHY268M, mit Antlia 3nm Schmalbandfilter Hα, OIII und SII auf einem Newtonteleskop TS420/150mm (f2.8.) mit je 600 Sekunden Aufnahme pro Filter: 13xHa, 10xOIII und 6xSII, in Summe also knapp 5 Stunden Belichtungszeit. Montierung iOptron HEM27EC und nachgeführt über einen QHY OAG mit einer ASI 174MM Guidingkamera. Gestackt mit Astro Pixel Prozessor, verarbeitet mit Pixinsight mit BlurX u.a. und Adobe Photoshop. Mit Hinweisen aus 6. 24.4.2025

Blasennebel (NGC 7635)

aufgeblasen von einem Sternenwind. Rechts oben die Sternhaufen NGC 7510 und M52 mit jeweil mehreren Hundert jungen Sternen. Mit „jung“ verstehen wir hier ein Alter von ein paar Millionen Jahren.

Der kleine und unterhalb des Blasennebels liegende Emissionsnebel Sh2-159 komplettiert diese kosmische Gruppe. Er ist physikalisch mit dem 9.100 Lichtjahre entfernten Emissionsnebel NGC 7538 verbunden. Der hört auch auf den Namen „nördlicher Lagunennebel“ und ist auf dem Gesamtbild auf der folgenden Seite rechts unten zu sehen.

Kokonnebel (IC 1546) mit Dunkelwolke (Barnard 168)

Kokonnebel, ein kosmischer Schmetterling, offiziell heißt er IC 5146 und liegt da draußen im Sternbild Schwan.

Eine riesige Wolke aus Gas und Staub, etwa 10 Lichtjahre groß. Und das, obwohl er von uns aus gesehen nur einen winzigen Teil (10 Bogenminuten) am Himmel einnimmt: seine Entfernung beträgt etwa 2500 Lichtjahre. Aber das Beeindruckende: In diesem Kokon brütet eine neue Generation von Sternen. Ein richtiges Sternentstehungsgebiet, ionisierter Wasserstoff bringt ihn zum Leuchten. Aber es gibt auch Bereiche, die das Licht reflektieren oder es einfach verschlucken, daher seine besondere, kokonartig Erscheinung.

Dieser Nebel ist nicht allein, er kuschelt sich ans Ende einer langen Dunkelwolke namens Barnard 168. Zusammen sind sie Teil einer viel größeren Molekülwolke.

Und mittendrin? Ein junger Haufen frisch geborener Sterne, Collinder 470 genannt. Die sind erst ein paar Hunderttausend Jahre alt – kosmisch gesehen sind das Babys! Einer dieser jungen Hüpfer, der helle Stern BD +46° 3474, ist der Motor des Ganzen. Er bläst eine Blase in den Nebel und bringt das Gas zum Strahlen. So können wir überhaupt erst reinschauen in diese faszinierende kosmische Kinderstube.

Bild: IC5146-KokonN-24Nov-SGP0-Wfw-QHY268M-TS420-HEM27EC-10Ha450s-40LRGB120s-MB_MFs-APP-LHaRGB1+PI+PS24c9ProzRGB: Mit Hinweisen aus 6, 24.4.2025

Rho Ophiuchi Region (IC4604)

Stellen Sie sich vor, mitten in unserer Milchstraße hängt ein kosmisches Gemälde: es ist die Region um den Stern Rho Ophiuchi, auch IC 4604 genannt. Was sehen wir hier? Staubwolken, die das Licht des Sterns Rho Ophiuchi reflektieren! Wie ein riesiger Spiegel im All, sichtbar im normalen Licht.

Nur 460 Lichtjahre entfernt, quasi um die Ecke. Man sollte meinen, leicht zu fotografieren, leider nicht von überall. Dieses wunderschöne Objekt steht oft tief am Horizont, versteckt hinter Dunst und Luftunruhe. Ein echtes Problem für klare Aufnahmen.

Aber die Technik hilft: mit ferngesteuerten Teleskopen von besseren Standorten, wie hier von Teneriffa, kann man diese Tücken überwinden. Es braucht Geduld und viele Bilder – fast hundert in diesem Fall – um ein solches Ergebnis zu erhalten, aber dann zeigt sich diese Pracht. Ein schönes Beispiel, wie wir die Herausforderungen meistern können, um die Wunder des Kosmos festzuhalten.

Technische Details: Aufnahmen im März 2023 mit dem Remoteteleskop SLOOH, 90 RGB-Aufnahmen mit dem Celestron RASA 11" und 620mm, F/2,2m und ASI 294MC Pro Single-Shot-Color. Entwickelt mit Astro Pixelprozessor, Pixinsight und Photoshop neues Bild: IC4603-2021_23Mrz-T3-90colFits-PI+AI+PS24a. Mit Hinweisen aus 6, 24.4.2025

Ein kosmischer Diamant mit Himmelsblüte (WR-134 und Sh2-101)

Oder genauer: Blasennebel WR-134 und Tulpennebel Sh2-101. Rechts, Sh2-101, der Tulpennebel ist ein Emissionsnebel, eine H-II-Region. Da ist Gas, Wasserstoffgas, das von energiereichen jungen Sternen in der Nähe zum Leuchten angeregt wird. Die pumpen da ordentlich UV-Strahlung rein, und das Ding fängt an zu glühen wie eine kosmische Neonröhre! Und dieses rötliche Leuchten? Das kommt von den Wasserstoffatomen, die ihre Elektronen verlieren und wieder einfangen. Dabei senden sie Licht aus, oder besser gesagt sendeten sie vor 6.000 Jahren, soviel Lichtjahre ist dieses kosmische Kunstwerk von uns entfernt.

Technische Details: Mehrere Aufnahmen vom September 2023 in meiner Gartensternwarte im Pongau mit der Monokamera QHY268M, mit Antlia 3nm Schmalbandfilter Hα, OIII , SII und LRGB auf einem Newtonteleskop TS420/150mm; f/2.8. Insgesamt 120 Aufnahmen mit insgesamt mehr als 5 Stunden: 600 Sekunden für OIII, und 450 Sekunden für Hα und SII, sowie je 120 Sekunden für LRGB. Montierung iOptron HEM27EC und nachgeführt über einen QHY OAG mit einer ASI 174MM Guidingkamera. Gestackt mit Astro Pixel Prozessor, verarbeitet in weiterer Folge ohne Sterne mit Pixinsight mit BlurX u.a. und Adobe Photoshop. Mit Hinweisen aus 6, 26.4.2025

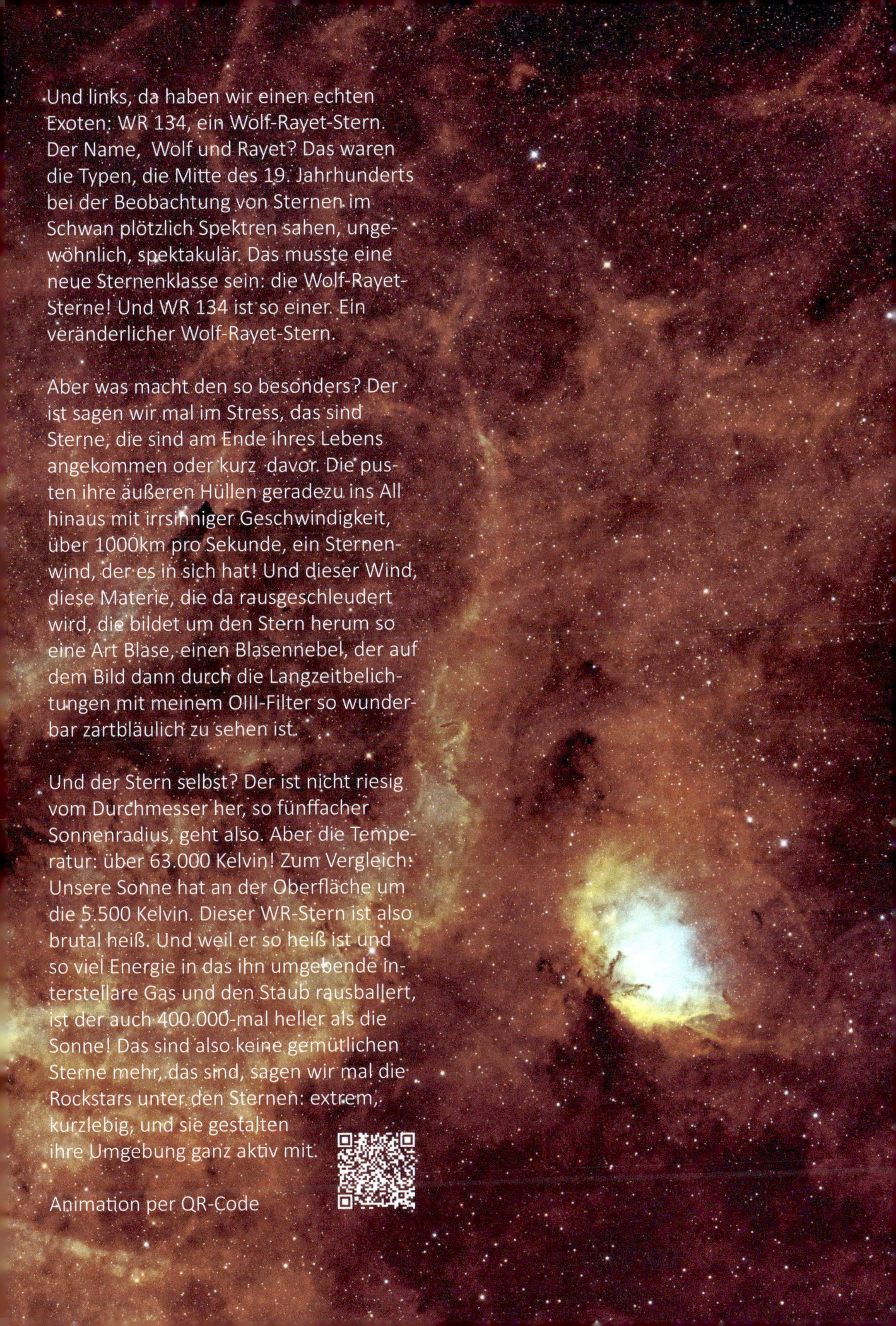

Und links, da haben wir einen echten Exoten: WR 134, ein Wolf-Rayet-Stern. Der Name, Wolf und Rayet? Das waren die Typen, die Mitte des 19. Jahrhunderts bei der Beobachtung von Sternen im Schwan plötzlich Spektren sahen, ungewöhnlich, spektakulär. Das musste eine neue Sternenklasse sein: die Wolf-Rayet-Sterne! Und WR 134 ist so einer. Ein veränderlicher Wolf-Rayet-Stern.

Aber was macht den so besonders? Der ist sagen wir mal im Stress, das sind Sterne, die sind am Ende ihres Lebens angekommen oder kurz davor. Die pusten ihre äußeren Hüllen geradezu ins All hinaus mit irrsinniger Geschwindigkeit, über 1000km pro Sekunde, ein Sternenwind, der es in sich hat! Und dieser Wind, diese Materie, die da rausgeschleudert wird, die bildet um den Stern herum so eine Art Blase, einen Blasennebel, der auf dem Bild dann durch die Langzeitbelichtungen mit meinem OIII-Filter so wunderbar zartbläulich zu sehen ist.

Und der Stern selbst? Der ist nicht riesig vom Durchmesser her, so fünffacher Sonnenradius, geht also. Aber die Temperatur: über 63.000 Kelvin! Zum Vergleich: Unsere Sonne hat an der Oberfläche um die 5.500 Kelvin. Dieser WR-Stern ist also brutal heiß. Und weil er so heiß ist und so viel Energie in das ihn umgebende interstellare Gas und den Staub rausballert, ist der auch 400.000-mal heller als die Sonne! Das sind also keine gemütlichen Sterne mehr, das sind, sagen wir mal die Rockstars unter den Sternen: extrem, kurzlebig, und sie gestalten ihre Umgebung ganz aktiv mit.

Animation per QR-Code

... mit dem Mondsichelnebel (NGC 6888)

...ein etwas größerer Ausschnitt, ebenfalls im Sternbild Schwan und 4.700 Lichtjahre entfernt, befindet sich im Bild oben dieser faszinierende Sichelnebel, NGC 6888. Und auch das hier ist ein Emissionsnebel, der von einem anderen dieser kosmischen Dampfwalzen angestrahlt wird: WR-136, ein gewaltiger Stern in seinem Zentrum, der schiesst Materie raus und seine harte Strahlung bringt das Gas, vor allem Sauerstoff und Wasserstoff zum Glühen.

In beiden Aufnahmen sehen wir also spezielles Licht, auf ganz wenigen Wellenlängen. Und um das zu sehen braucht es Schmalbandfilter: Sie lassen nur dieses spezielle Licht durch und machen so dieses Objekt sichtbar.

Und weil das so wenig ist, braucht man eine empfindliche Monokamera mit entsprechenden Filtern und ewig langen Belichtungszeiten, um überhaupt genug Licht einzufangen. Nur so enthüllen wir die wahre Struktur und Chemie dieses kosmischen Leuchtens.

Auf den nächsten drei Doppelseiten sind man noch einmal die ganze Pracht dieser Objekte in Einzelaufnahmen. Ich konnte diese unglaublich prächtigen Aufnahmen mit der gleichen Kamera QHY268M, aber mit dem (seit April 2025) neuen Lacerta Newton mit 1200 mm und F/4 machen: **Kosmos.Licht.Farben** in Reinkultur!

Aufgenommen: 10. August 2023 mit dem Remoteteleskop „telescope.live" SPA1-CMOS. Mit Kamera QHY600M, mit 3nm Schmalbandfilter Ha, OIII und SII auf einem Takahashi FSQ-106ED, f/3.6 mit je 300 Sekunden Aufnahme pro Filter: 5xHα, 5xOIII und 5xSII, in Summe also „nur" knapp 75 Minuten Belichtungszeit. Gestackt mit Astro Pixel Prozessor, verarbeitet mit Pixinsight mit BlurX u.a. und Adobe Photoshop. Bild: NGC6888_SH2101_NGC6883_WR134_2023Aug10_14_SPA1CMOS_QHY600M_TAKFSQ106DX4_55SHOLRGB_APP_SHO3RGB_DBE BlurX PS23f. Mit Hinweisen aus 6, 26.4.2025. Nächste Seiten: drei Großaufnahmen zu diesem Bild:

***Sichelnebel**: NGC6888-25Aug-Wfw-QHY268M-Lac1200-CGX-22SHO600s-26LRGB120s-MFsMFDsMDsMBs-APP-SHO3+PI+PS25cNik6Buch*

***Wolf-Rayet-Stern 134**: WR134-25Aug-Wfw-QHY268m-Lac1200-CGX-21SH600s8O1200s-20LRGB120s-MFsMFDsMDsMBs-APP-SHO3+PI+PS25dNik6-Buch mit einem Animationsvideo per QR-Code links und*

***Tulpennebel sh2-101** mit dem Lacerta 1200/300mm, vgl. Beschreibung Himmelsblüte vorige Seite. Bild: SH2-101-25Aug-Wfw-QHY268m-Lac1200-CGX-33SHO600s-28LRGB120s-Mo16-MFsMFDsMDsMBs-APP-SHO3+PIcut+PS25aNik6Buch, mit Animationsvideo per QR-Code rechts*

Der Schrei sterbender Sterne

Ein weiteres faszinierendes Artefakt der kosmischen Evolution: der Cirrus- oder Schleiernebel NGC 6960 bis 6995: Glühendes Gas und leuchtender Staub umgeben die Überreste des explodiert Sterns und weben ein filigranes Geweb aus Licht und Schatten.

Dieser Nebel ist ein Überbleibsel einer Supernova-Explosion, die vor etwa 8.0 bis 10.000 Jahren stattgefunden hat. Di se explodierte mit einer unvorstellbare Wucht und katapulierte die äußersten Schichten eines Sternes in den Raum.

Quelle: NGC6960-6995-2023Okt16-Wfw-QHY268M-T Technische Details: Aufgenommen am 18. August 202 QHY268M, mit Antlia 3nm Schmalbandfilter Hα, OIII u 5x450 Sekunden Aufnahme pro Filter: Ha, OIII und SII. OAG mit einer ASI 174MM Guidingkamera. Gestackt und Adobe Photoshop. Mit Hinweisen aus 6, 27.4.202

GC 6995)

rt haben sich diese Schichten mit dem ıgebenden interstellarem Gas ver- scht und erhitzt.

s leuchtende Gas des Schleiernebels steht hauptsächlich aus rotem Was- stoff und blauem ionisiertem Sauer- off. Aufgrund der scheinbar immensen sdehnung von etwa 120-150 Lichtjahre der Nebel schwierig für visuelle Beob- ıtungen, da sein Licht über eine große che verteilt ist.

7EC-SGP-15SHO450s-APP-SHO3 PI PS24b
Gartensternwarte im Pongau mit Monokamera
inem Newtonteleskop TS420/150mm, f/2.8 mit
iOptron HEM27EC und nachgeführt über einen QHY
ixel Prozessor, verarbeitet mit Pixinsight mit BlurX u.a.

Nordamerika- und Pelikannebel (NGC 7000, IC5070)

Zwei sehr bekannte, beliebte und fast ganzjährig gut sichtbare Objekte der Milchstraße, eine der ersten und häufigsten Aufnahmen mit Hilfe der Segnungen der modernen Astrofotografie: Links der Nordamerikanebel (NGC 7000) und rechts der Pelikannebel (IC 5070). Zwei faszinierende Gasnebel im Stern-

Bild: NGC7000_IC5070-24Nov-Wfw-QHY268M-TS420-HEM27EC-27SHO450s-36LRGB120s-MFsMB-APP-SHO3+PS24cBuch. Mit Hinweisen aus 6, 7.5.2025, mit Animationsvideo per QR-Code Detailaufnahmen Pelikannebel IC5070 auf Folgeseite: Bild: IC5070-25Sept-Wfw-QHY268m-Lac1200-CGX-25SHO900s-27LRGB120s-MFsMFDsMDsMBs-APP-SHO3+PI+PS25bNik6-Buch.

bild Schwan am Nordsternhimmel mit ihren irdischen Namen. Das Licht dieser Gasnebel hat seine Reise begonnen, als gerade Römer ihre Blütezeit hatten, also zwischen 2.000 und 3.000 Jahren!

Und woher kommt das Rot? Auch hier: junge heiße Sterne, also richtige Hitzköpfe, die dem Wasserstoff einheizen und durch ihre intensive Strahlung ionisieren. Das Elektron, welches in einem Wasserstoffatom die Ladung des positiven Protons im Kern ausgleicht, entfernt sich von seinem Atom. Bindet es sich dann aber an ein anderes Proton leuchtet es. Meinen H-alpha Filter freut´s, der liefert genau dieses Leuchten und diese faszinierenden Strukturen.

Der Nordamerikanebel wurde im Jahre 1786 wie viele andere Objekte ebenfalls von William Herschel entdeckt.

Hantelnebel (M27)

M27, der 1360 Lichtjahre entfernte Hantelnebel ist kein Planet, auch wenn der Name „planetarischer Nebel" verwirrt, nein, es ist der Todesstoß eines Sterns! Ein alter Roter Riese hat vor 10.000 Jahren seine Hüllen ins All geschleudert.

Alter Roter Riese? Das sind massearme Sterne wie unserer Sonne, die sich am Ende ihres Lebens noch einmal so richtig aufblähen und danach als weiße Zwerge zurückbleiben und das umliegende Gas zum Leuchten bringen. Und dieser Nebel hier dehnt sich mit 30 Kilometern pro Sekunde aus, ist schon drei Lichtjahre groß.

Und jetzt vergleichen Sie das: Unser ganzes Sonnensystem hat weniger als einen

Bild: M27_2020bis2021_T4_243Fits_APP_LRGB_DBE BlurX PS23b300dpi . Technische Details: Aufgenommen 2021 und 2022 mit dem Remoteteleskop Slooh Teneriffa 4, 243 LRGB Fits, entwickelt mit APP, PI mit BlurX und Photoshop. Texte aus 6, 19.4.2025

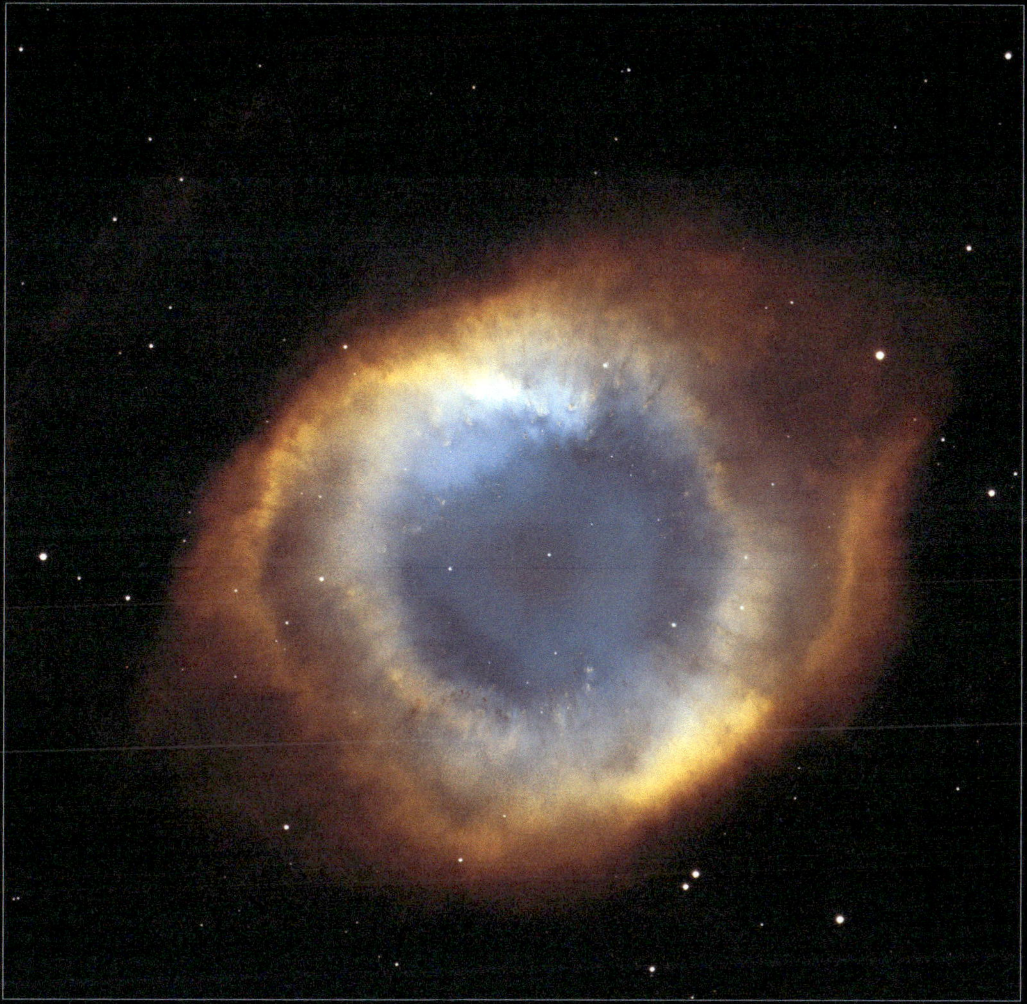

Das Auge Gottes (NGC 7293)

Lichttag Durchmesser. Drei Lichtjahre gegen einen Lichttag, das sind kosmische Dimensionen!

Ein ähnliches Spektakel: der 650 Lichtjahre entfernte Helixnebel, das „Auge Gottes". Auch drei Lichtjahre groß, auch ein sterbender Stern. Seine Farben, Sauerstoff blau, Wasserstoff rot und Stickstoff gelb erzählen uns von seiner Chemie.

Bild: NGC7293-jpeg-NASA-PIA18164

Diese Nebel, farbenprächtige, gigantische und faszinierende Überreste stellaren Sterbens!

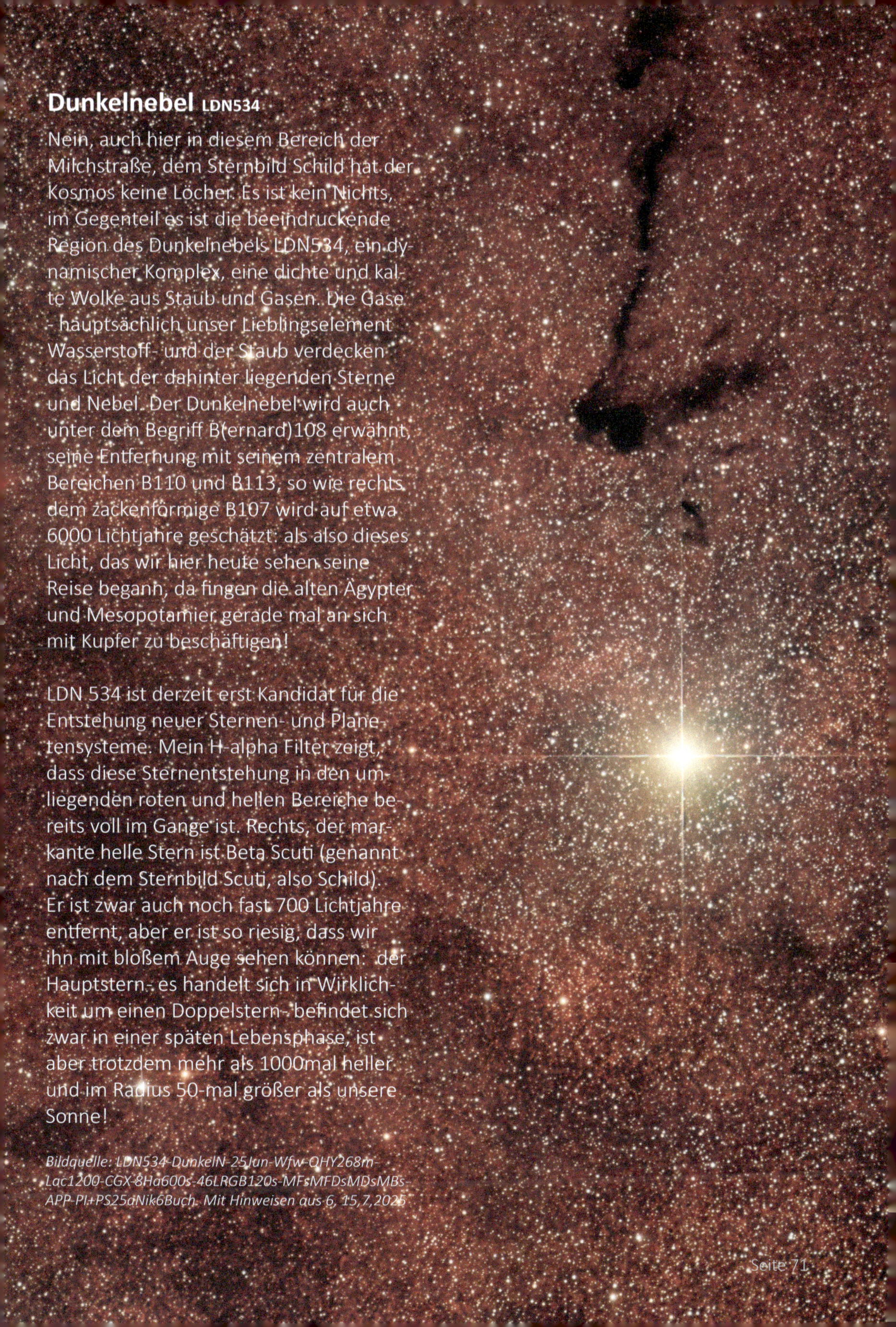

Dunkelnebel LDN534

Nein, auch hier in diesem Bereich der Milchstraße, dem Sternbild Schild hat der Kosmos keine Löcher. Es ist kein Nichts, im Gegenteil es ist die beeindruckende Region des Dunkelnebels LDN534, ein dynamischer Komplex, eine dichte und kalte Wolke aus Staub und Gasen. Die Gase - hauptsächlich unser Lieblingselement Wasserstoff- und der Staub verdecken das Licht der dahinter liegenden Sterne und Nebel. Der Dunkelnebel wird auch unter dem Begriff B(ernard)108 erwähnt, seine Entfernung mit seinem zentralem Bereichen B110 und B113, so wie rechts dem zackenförmige B107 wird auf etwa 6000 Lichtjahre geschätzt: als also dieses Licht, das wir hier heute sehen seine Reise begann, da fingen die alten Ägypter und Mesopotamier gerade mal an sich mit Kupfer zu beschäftigen!

LDN 534 ist derzeit erst Kandidat für die Entstehung neuer Sternen- und Planetensysteme. Mein H-alpha Filter zeigt, dass diese Sternentstehung in den umliegenden roten und hellen Bereiche bereits voll im Gange ist. Rechts, der markante helle Stern ist Beta Scuti (genannt nach dem Sternbild Scuti, also Schild). Er ist zwar auch noch fast 700 Lichtjahre entfernt, aber er ist so riesig, dass wir ihn mit bloßem Auge sehen können: der Hauptstern - es handelt sich in Wirklichkeit um einen Doppelstern - befindet sich zwar in einer späten Lebensphase, ist aber trotzdem mehr als 1000mal heller und im Radius 50-mal größer als unsere Sonne!

Bildquelle: LDN534-DunkelN-25Jun-Wfw-QHY268m-Lac1200-CGX-8Ha600s-46LRGB120s-MFsMFDsMDsMBs-APP-PI+PS25aNik6Buch. Mit Hinweisen aus 6, 15,7,2025

Der Tintenfleck (Barnard 86) und ein funkelnder Sternhaufen (NGC 6520)

Wie der Blick in eine riesige, leuchtende Schatzkiste aus Sternen: Dieses markante Duo zeigt den funkelnden Sternhaufen NGC 6520 und direkt daneben ebenfalls eine dunkle Wolke aus kosmischem Staub und Gas namens Barnard 86.

Diese 1.950 Lichtjahre entfernte und mitten in der Milchstraße im Sternbild Schütze gelegene Molekülwolke wird auch Bok Globule genannt. Sie ist so dicht, dass sie das Licht der dahinterliegenden Sterne blockiert. Sie erinnert ein wenig an einen Tintenfleck, daher auch der volkstümliche Name „Tintenfleck", oder an die Silhouette eines Geckos – ein dunkler, geheimnisvoller Schatten vor dem funkelnden Sternenmeer.

Bildquelle: Slooh, Barnard86Inksp-2024JulJun-T1-45LRGBFits_APP-LRGB1+PI+PS24e.jpg

Dunkelnebel LDN238

Der LDN 238 Dunkelnebel ist Teil einer großen und hellen Emissionsregion namens Sh2-27 im Sternbild Ophiuchus.

Dunkelwolken, diese dichten Wolken aus interstellarem Gas und Staub, die selbst kein Licht aussenden oder stark reflektieren. Stattdessen erscheinen sie als Silhouetten vor helleren Hintergründen, wie Emissionsnebeln oder Sternfeldern, da der Staub in ihnen das Licht von Objekten dahinter absorbiert und streut. Auch hier verwehrt er uns das Licht und damit den Blick zu diesen Objekten!

Bildquelle: LDN238uSH2_27-25Mrz-Wfw-QHY268M-TS420-CGX-11Ha600s34LRGB180s-MFsMB-APP-dg+PI+PS25aBuch. Mit Hinweisen aus 5, 6/2024

Sternenwiege und Gasnebel (NGC6823 und Sh2-86)

Das helle Zentrum hier ist der Sternenhaufen mit den Namen NGC6823, eine Ansammlung aus hellen, heißen und jungen Sternen, die ihre Umgebung so richtig aufheizen. Das läßt den riesigen Gasnebel (Sh2-86) herum rötlich leuchten, und ja richtig: auch hier wieder der ionisierte Wasserstoff, der uns den Start neuer Sterne und Sternensysteme aufzeigt, das schöne Ergebnis von etwa 3,5 Stunden Aufnahmen mit dem H-alphafilter!

In der Mitte verdeckt ein säulenförmiger Dunkelnebel diese 6000 Lichtjahre entfernte Sternengeburtstätte. Er erinnert uns etwas an die berühmten Säulen der Schöpfung im Adlernebel (M16).

Bildquelle: NGC6823-25Jun-Wfw-QHY268m-Lac1200-CGX-34SHO600s-51LRGB90s-MFsMFDsMDsMBs-APP-SHO3+PI+PS25bNik6Buch. Mit Hinweisen aus 6, 28.7.2025

Emissionsnebel Sh2-112+115

Links der Sh2-112, ein wunderschöner Emissionsnebel im Sternbild Schwan (=Cygnus, der mit dem hellen Stern Deneb). Wie eine riesige Gasblase, die von einem richtigen Kraftwerk angeheizt wird: der massereiche Stern BD+45 3216 bringt die Wasserstoff- und Sauerstoffatome (H-alpha und OIII) ordentlich zum Glühen.

Sh2-112 ist etwa 5.000 bis 5.600 Lichtjahre entfernt, das Licht, das wir hier sehen, hat sich also auf den Weg gemacht, als man in Ägypten gerade die Hieroglyphen erfand.

Der Emissionsnebel Sh2-115 rechts davon ist etwas zurückhaltender aber mit

Quelle: SH2-112_115-SGP90-Wfw-QHY268M-TS420-HEM27EC-18SHO450s-29LRGB120s-APP-SHO3 PI PS24bBuch`, Mit Hinweisen aus 6, 27.4.2025

7.500 Lichtjahre noch weiter weg. Er liegt in einem sehr sternreichen Bereich eines Seitenarms unserer Milchstraße. Auch hier leuchten Emissionen in H-alpha, Sauerstoff OIII, aber auch Schwefel SII.

Im Vergleich zu prominenteren Nebeln in der Nachbarschaft wie dem Nordamerikanebel ist er deutlich schwächer, da braucht´s dann auch längere Belichtungszeiten. Innerhalb des Gebiets von Sh2-115 befindet sich auch das Objekt Abell 71, möglicherweise ein planetarischer Nebel, also der Rest eines toten Sterns.

Elefantenrüsselnebel (IC 1396 bzw. vdB 142)

... auch nüchterner als IC 1396 oder vdB 142 katalogisiert ist eine große Bok-Globule im Sternbild Kepheus. Bok-Globulen sind große, dunkle Objekte aus interstellarem Gas und Staub, also Kinderstuben für Sterne die sich noch im frühen Stadium befinden. Der Elefantenrüsselnebel ist etwa 2.400 Lichtjahre von der Erde entfernt und hat einen Durchmesser von etwa 10 Lichtjahren. Auch dieser Nebel hat wieder das bereits bekannte Muster: aktives Sternentstehungsgebiet, viele heiße junger Sterne und Protosterne, also Sterne im Embryostadium. Die jungen Sterne erhitzen auch hier das umgebende Gas und den Staub und ergeben schöne Bilder einer kosmischen Geburtsklinik.

Technische Details: Aufgenommen: 14. August 2023 in meiner Gartensternwarte im Pongau mit Kamera QHY268M, mit Antlia 3nm Schmalbandfilter Hα, OIII und SII auf einem Newtonteleskop TS420/150mm (f2.8.) mit nur 3-mal 450 Sekunden pro Filter. Montierung iOptron HEM27EC, nachgeführt über einen QHY OAG mit einer ASI 174MM Guidingkamera. Gestackt mit Astro Pixel Prozessor, verarbeitet mit Pixinsight mit BlurX und Adobe Photoshop mit TopazAI. Bild 2024: IC1396-2023Sept-Wfw-QHY268M-TS420-HEM27EC-SGP-107SHOLRGB-APP-SHO3+PI+PS24cNik6. Mit Hinweisen aus 6, 27.4.2025

Muschelnebel (Sh2-119)

Der Muschelnebel (Sh2-119), ebenfalls ein typischer Emissionsnebel, der in der Nähe des bekannteren Nordamerikanebels (NGC7000) liegt. Obwohl er selbst eine interessante und komplexe Struktur mit Filamenten und Dunkelnebeln aufweist, wird er manchmal zugunsten seines berühmteren Nachbarn übersehen. Auch diese Region besteht aus ionisiertem Wasserstoffgas, das durch nahegelegene heiße, junge Sterne angeregt wird. Es sendet ebenfalls jenes Licht aus, das mit dem H-alpha Filter wunderbar eingefangen werden kann.

Bildquelle: SH2-119-MuschelN-SPG90-Wfw-QHY268M-TS420-HEM27EC-45SHO450s-62LRGB120s-APP-SHO3+PI+PS24aBuchwenigSterne, mit Hinweisen aus 6, 21.4.2025,

Supernova der Steinzeit: Spaghettinebel (Sh2-240)

Man stelle sich das mal vor: Vor etwa 40.000 Jahren begannen die Menschen in Europa ihre Erlebnisse in Höhlenmalereien festzuhalten, quasi Social Media der Steinzeit! In der Höhle von Lascaux in Frankreich sollen dabei sogar Sternbilder dargestellt worden sein. Die haben also in den Himmel geschaut und plötzlich: Ein Stern explodiert als eine Supernova, in einer Entfernung von etwa 3.000 Lichtjahren!

Den Rest, den sehen wir noch: diese ehemalige Supernova wird heute umgangssprachlich als Spaghettinebel bezeichnet. Er ist durch seine große Ausdehnung und aufgrund seiner geringen Lichtstärke nur schwer zu fotografieren.

Da hast du ohne diese Schmalbandfilter (schmal, weil sie nur einen kleinen Spalt des sichtbaren Lichtes durchlassen) keine Chance: mit Belichtungen bis zu 20 Minuten je Aufnahmen und Filter (H-alpha und OIII) kann das interessante Objekt aber brauchbar sichtbar gemacht werden.

Bildquelle: SH2-240-SpaghNoTeil-2024-25-Wfw-QHY268M-TS420-HEM27EC_CGX-84SHQ900bis1200s-42LRGB120s-MFsMB-APP-SHO3+PI+PS25aBuch. Technische Details: allein 84 Schmalbandaufnahmen mit je 15 bis 20 Minuten, in Summe mehr als 20 Stunden Aufnahmezeit, ergänzt mit 1,5 Stunden LRGB-Aufnahmen für die Sterne.Mit Hinweisen aus 6, 21.4.25

Fliegender Drachennebel Sh2-114

Sh2-114 ist ein HII-Emissionsnebel, ebenfalls im Sternbild Schwan. Aufgrund seiner Erscheinung wird er auch als „Fliegender Drachennebel“ bezeichnet. Dieser Nebel ist keine gleißende Fackel am Nachthimmel, sondern eher ein lichtschwaches Gebilde. Das 3300 Lichtjahre entfernte Objekt weist filigrane und bogenförmige Strukturen auf.

Es gibt Vermutungen, dass Sh2-114 zusammen mit dem nahegelegenen Sh2-113 eine blasenartige Struktur bildet, die einem Supernovaüberrest ähnelt, auch wenn bisher keine Supernova in dieser Region nachgewiesen werden konnte. Villeicht könnten weitere, extrem viele und lange Belichtungen im Schmalbandbereich diesen Beweis erbringen?

Bildquelle: SH2-114-SGP90-Wfw-QHY268M-TS420-HE-M27EC-21SHO450s-28LRGB90s-APP-SHO3 PI PS24a, Mit Hinweisen aus 6, 27.4.2025

Der Kosmos im (nördlichen) Winter

Orion, der Jäger! Das sichtbarste (nördliche) Wintersternbild ist nach dem Sohn des Meeresgottes Poseidon benannt.

Da sind viele bekannte Objekte wie der flächenhellste Orionnebel (M42), für den Beobachter sogar mit freiem Auge bei guter Sicht als bläulicher Nebel erkennbar. Der Gürtel des Jägers wird von den Sternen Alnitak, Mintaka und Alnilam gebildet. Die bekannten Sterne Beteigeuze und Rigel bilden zum Beispiel die Schulter bzw. das Knie Orions.

Dann: Pferdekopfnebel (IC434), Flammennebel (NGC 2024) und Reflexionsnebel M78, alles Ergebnisse längerer Belichtungen.

Bildquelle: M42-Region-2024Apr2-WfW-EOSRa-200mm2.8-PI+AI+PS23bNik6

Rund um das Sternbild des Orion

Orionnebel (M42)

Aufgrund seiner großen Lichtstärke ist es ein Lieblingsobjekt vieler Amateurastromen: Der Orionnebel (Katalogbezeichnung M42 oder NGC1976) ist ein Emissionsnebel im Sternbild Orion.

Durch die große scheinbare Helligkeit seines Zentrums ist der bläuliche Nebel bereits mit bloßem Auge als Teil des Schwertes des Orions südlich der drei Sterne des Oriongürtels sichtbar.

Der Orionnebel besteht überwiegend aus Wasserstoff. In dem Nebel entstehen Sterne, deren ionisierende Strahlung auch hier den sichtbaren Bereich leuchten lässt. Er wird daher als H-II-Gebiet klassifiziert.

Aufnahme: 9. Februar 2023 in meiner Gartensternwarte, EOS Ra, HEM27EC, Canon mit 2x500mm, 61 CR3. Nächste Seite: M42-Orion-24Mrz2-Wfw-HEM27EC-TS420-17HSO450-62RGB120s-APP-PIbisSPCC+PS23b. Alle gestackt mit Astro Pixel Prozessor, verarbeitet mit Pixinsight mit BlurX und Adobe Photoshop mit TopazAI. Mit Hinweisen aus 6, 27.4.2025, Videoanimation per QR-Code.

Das Herz des großen Orionnebels erscheint wie ein farbiges Gemälde aus Gas und Staub, beleuchtet von „jungen Wilden", den riesigen und jungen Sternen in seinem Inneren. Auch als Trapez (Theta Orionis) bezeichnet liegen sie mitten in diesem Kunstwerk.

Diese Sterne sind erst 300.000 Jahre alt - in kosmischen Maßstäben erst Babys- aber riesig (15 bis 40 Sonnenmassen) und nur 1,5 Lichtjahre voneinander entfernt. Für kosmische Verhältnisse quasi eine Kuscheldistanz. Und die heizen da richtig ein: ihre intensive Strahlung bringt diesen Nebel zum Glühen. Der größte Stern, Theta Orionis C (40 Sonnenmassen, 8-facher Sonnendurchmesser, 45.000 Grad), strahlt vor allem im Ultraviolettbereich und beleuchtet wahrscheinlich den gesamten Nebel, unglaublich!

Mit einer Entfernung von etwa 1350 Lichtjahre ist er in unserer galaktischen Nachbarschaft und eines der aktivsten uns bekannten Sternengeburtsstätten. Für Forscher eine perfektes Laboratorium zur Untersuchung und Erforschung der Sternentstehung.

Pferdekopf- und Flammennebel (IC443, NGC2024)

Der berühmte Pferdekopfnebel (IC 434), eine riesige Dunkelwolke unter dem Oriongürtel. Der 3 Lichtjahre große Dunkelnebel verdeckt mit seiner Silhouette, ähnlich einem Pferdekopf den durch ionisiertem Wasserstoff H-alpha rot leuchtenden Emissionsnebel IC 434.

Von der Erde ist der Nebel ungefähr 1.500 Lichtjahre entfernt und erscheint deshalb ein Viertel so groß wie der Erdmond. Aufgrund seiner äquatorialen Position kann er von allen bewohnten Gebieten der Erde beobachtet werden, jedoch ist er wegen seiner geringen Helligkeit erst mit einer lichtstarken Ausrüstung sichtbar.

Das Sternenentstehungsgebiet Flammennebel (NGC 2024) liegt scheinbar östlich des Oriongürtelsternes Alnitak, ist aber von der Erde mit etwa 1500 Lichtjahren nur halb so weit entfernt.

Bildquelle: IC434-PferdekN-2024Jan-SGP0-Wfw-QHY268M-TS420-HEM27EC-38SHO450s-48LRGB60s-MFsMB-APP-GraX-SHO3+PS23d+NoiseX, Gestackt mit Astro Pixel Prozessor, verarbeitet mit Pixinsight mit BlurX und Adobe Photoshop mit TopazAI. Mit Hinweisen aus 1, 5/2024 und mit meinem Animationsvideo per QR-Code

Eine gigantische Explosion im Jahre 1054 n.Chr.: Krebsnebel (M1)

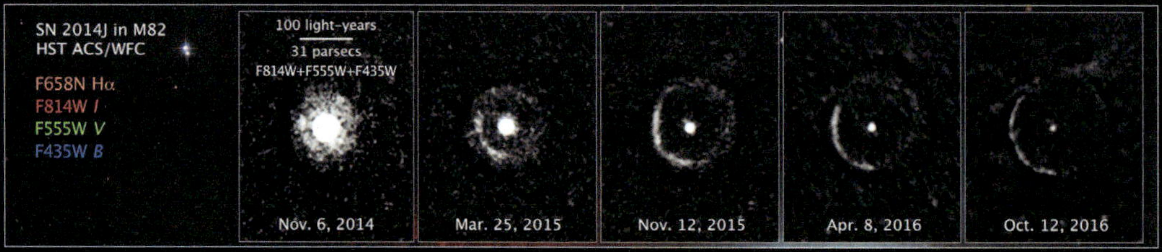

Plötzlich war er da, heller als fast alle anderen Objekte am Nachthimmel: Es war am 27. April 1054 und der chinesische Gelehrte **Yang Weide** traute wohl seinen Augen nicht als er einen neuen „Stern" mit ähnlicher Helligkeit wie die hellsten Objekte Venus oder Jupiter entdeckte.

Er muss wohl sehr aufgeregt gewesen sein, als er der Überlieferung nach seinem Kaiser der Song Dynastie diese Entdeckung so übermittelte: *„Ich habe demütig beobachtet, dass ein Gaststern aufgetaucht ist. Der betreffende Stern leuchtet schwach, in gelber Farbe. ... Die Tatsache, dass der Gaststern nicht eindringt und seine Helligkeit bedeuten voll und ganz, dass es eine Person von großem Wert gibt ..."*

In diesem Bericht war wohl der Kaiser gemeint und wir haben erstmals einen schriftlichen Beweis einer ehemaligen Supernova. Sie erreichte eine irre Helligkeit und war damit noch vor der Venus das zweithellste Objekt am Taghimmel. Und die Überreste: gibt es heute noch, wir nennen es Krebsnebel (M1).

Auch der arabische Arzt **Ibn Botlan** in Fustat beschrieb einen neuen Stern für das Jahr 446 des arabischen Kalenders (12. April 1054 bis 1. April 1055). Für Europa gibt es übrigens keine gesicherten Beobachtungen für diesen Zeitraum.

Der Krebsnebel (siehe mein Bild rechts) ist etwa 6200 Lichtjahre von der Erde entfernt, das bedeutet, dass auch Yang Weide die Explosion dieses Sternes erst mehr als 6000 Jahre nach dem tatsächlichen Ereignis sah. Er expandiert mit fast 1500 Kilometer pro Sekunde und hat mittlerweile eine Größe von 10 Lichtjahren. In seinem Zentrum befindet sich der aus dem explodierten Ursprungsstern her-

Quelle Darstellung Supernova: NASA/ Hubble SN2014J in M82 STScI-01EVT14SBDG44JFD5B9Z4P42G3.png mit der Darstellung der Supernova 2014J aus der Galaxie M82, über den Zeitraum von 3 Jahre beobachtet. Typisch die über die Jahre sich vergrößernde ringförmige Ausdehnung des explodierten Sterns

Krebsnebel (M1)

vorgegangene Neutronenstern, der etwa 30-mal pro Sekunde um seine Achse rotiert und im Radiofrequenzbereich sowie im optischen, Röntgen- und Gammafrequenzbereich als Pulsar nachweisbar ist. Der ihn umgebende Nebel ist aus den äußeren Schalen des Ursprungssterns entstanden und besteht zum größten Teil aus ionisiertem Wasserstoff und Helium.

Wegen seiner geringen scheinbaren Helligkeit kann der Krebsnebel nur durch Teleskope beobachtet werden. M1, das ist das erste von Charles Messier im 18. Jahrhundert entdeckte und katalogisierte Objekt. Durch seine Nähe und als einer der jüngsten galaktischen Pulsarwind-Nebel gehört er seitdem ebenfalls zu einen der intensivsten in der Astronomie erforschten Objekten!

Supernovae sind auch heute immer wieder zu beobachten. Zu Beginn des Jahres 2014 konnte eine Supernova aber nicht nur live erlebt sondern mit dem mächtigen Hubble-Teleskop über Jahre begleitet werden. Die SN2014J in der M82- oder auch Zigarrengalaxie genannt lieferte über die Jahre danach eindrucksvolle und aufschlussreichen Bilder (s. oben links) aus dem 12 Millionen Lichtjahre entfernten Ereignis. Links unten eine künstlerische Darstellung der ESA, wie man sich den unmittelbaren Beginn eines solchen explosiven Ereignisses vorstellt.

Künstlerische Darstellung der ESA links unten: ESA-Supernova_1993J_exploding_artist_s_impression
Mein eigne Aufnahme rechts oben: M1-25Sept-Wfw-QHY268m-Lac1200-CGX-5SHO900s-7LRGB120s-MFsMFDsMDsMBs-APP-SHO3+PI+PS25a

Spektakuläre Aufnahme des Krebsnebels (M1) mit dem JWT

Eine Aufnahme des James Webb Telescope (JWT): mit seinen Superaugen NIR-Cam (Near-Infrared Camera) und MIRI (Mid-Infrared Instrument) „sieht" das Teleskop den Krebsnebel im Infrarot.

Dieses Bild ist gestochen scharf und es zeigt uns dieses gespenstische Leuchten, diese faserigen, fragmentierten Stränge. Das sind die Überreste, Trümmerwolken, die sich immer noch von dieser gewaltigen Explosion im Jahr 1054 ausbreiten. Das ist Kosmos bei der Arbeit, beim Aufräumen!

Und mittendrin? Da ist er, eines der exotischsten Dinger überhaupt, die wir kennen: der Crab-Pulsar. Ein Neutronenstern der sich 30-mal pro Sekunde um die eigene Achse dreht. Ein winziger, unglaublich dichter Ball, der wie ein kosmischer Dynamo diesen ganzen Nebel antreibt und ihn im ganzen Spektrum leuchten lässt, egal ob Radio, Licht, Röntgen oder Gamma!

Der Nebel ist 6.500 Lichtjahre entfernt und hat mittlerweile unglaubliche 12 Lichtjahre Durchmesser. Das James Webb Telescope, das 2021 ins All geschossen wurde – ein Meisterwerk der Technik – gibt uns jetzt diesen völlig neuen Blick auf dieses unfassbare Objekt. Man könnte stundenlang hinschauen.

Bildcredit: Von NASA, ESA, CSA, STScI, T. Temim (Princeton University), CC BY 4.0, https://commons.wikimedia.org/w/index.php?curid=139881470. Mit Hinweisen aus 6, 4/2025

Flammenstern- und Kaulquappennebel (IC 405 mit IC 410 und IC 417)

Der farbenprächtige Flammensternnebel IC 405 entfaltet sich als gigantische Wolke aus ionisiertem Gas und Staub. Der Akteur für die Beleuchtung ist der nahe, massereiche Stern namens AE Aurigae. Er ist ein Exemplar der O-Klasse, mit einer ungeheuren Energieabgabe, millionenfach leuchtstärker als unsere bescheidene Sonne. AE Aurigae bringt das umgebende Gas zum Leuchten.

Die energiegeladenen Teilchen kollidieren mit den Atomen im Nebel, regen sie an und lassen sie in einem faszinierenden Spektakel leuchten.

Unten links der blaue Kaulquappennebel IC 410. Gemeint sind die hellen Strukturen, die sich aus diesem Emissionsnebel heraus schlängeln. Sie sind selbst Wiegen neuer Sterne und mit einer Größe von mehreren Lichtjahren große Kaulquappen. Die Beleuchtung erfolgt diesmal in Teamarbeit: ein ganzer offener Sternhaufen namens NGC 1893 stellt hier das Licht für die Ionisierung des Wasserstoffs.

Ganz links außen der Spinnennebel IC 417 dazu mehr auf der nächsten Seite.

Bild: IC405Flamingstar_IC410_IC417-24Jan-Wfw-QHY268M-TS420-HEM27EC-50HSO450s60LRGB60s-MFsMB-APP+PS+RGB+PS23e+SHOwie_alt_gemischt+Nik2ColorEx. Mit Hinweisen aus 6, 27.4.2025

Spinnennebel (IC 417) mit Sternhaufen (M36,M37 und M38)

IC 417, auch Spinnennebel genannt, ist erst einmal ein Emissionsnebel. Aber was sehen wir da noch: Einen offenen Sternhaufen, mittendrin. Der Durchmesser des 7.500 Lichtjahre entfernten Nebels beträgt 26 Lichtjahre, wir erinnern uns: „nur" etwa 1 Lichttag ist unser gesamtes Planetensystem groß. Die Art, wie der offene Sternhaufen in den Emissionsnebel eingebettet ist, erinnert auch an den Rosetten- und Kokon-Nebel.

Und auch in der Nachbarschaft ist was los: in der Mitte unten der Emissions- und Sternenentstehungsnebel NGC 1931, die offenen Sternhaufen Messier 36 und ganz oben Messier 38, alle im Sternbild Fuhrmann (Auriga).

Offene Sternhaufen enthalten viele junge, heiße, blaue Sterne. Sie entstehen in den Spiralarmen von Galaxien (wie unserer Milchstraße), wo sich noch viel Gas und Staub befindet. Bestes Beispiel sind die blauen Plejaden (M45), die man am Nachthimmel sogar mit freiem Auge gut sehen kann. Im Vergleich zu Kugelsternhaufen (wie Herkules-Sternhaufen M13) sind diese jedoch deutlich lockerer organisiert. M45 und M13 sind in diesem Buch später noch genauer beschrieben.

Bildquelle: M36_M38_IC417_NGC1931-24Feb7-SPG0-Wfw-QHY268M-TS420-HEM27EC-44SHO450s-100LRGB90_120s-MFsMB-PI RGB PS23b Nik2ColorEfex, Mit Hinweisen aus 6, 27.4.2025

Kalifornien Nebel (NGC 1499)

NGC1499 oder Sh2-220 oder pragmatisch nach seinen Aussehen Kalifornien Nebel genannt ist ein Emissionsnebel im Sternbild Perseus.

Obwohl er riesig ist- er hat am Himmel eine Länge von fast 2,5°, das ist das fünffache des Mondurchmessers- ist er trotz seiner „geringen“ Entfernung von 1.000 Lichtjahren schwierig zu beobachten. Mit freiem Auge geht nix, am besten wie hier mit einem Hα-Filter und LRGB-Filter, also Luminanz, Rot, Grün und Blau für die Sterne. Der nahe gelegene, super energiereiche O7-Stern Xi Persei (auch bekannt als Menkib) sorgt aber dafür, dass zumindest ein bisschen Licht in diese Hütte kommt, sprich: er regt den ionisierten Wasserstoff und damit den Nebel zum Leuchten an.

Bild: Gartensternwarte Pongau, QHY268M, TS 420mm f/2.8, 11 SHO mit je 450 Sekunden , 20 LRGB mit je 60 Sekunden, entwickelt mit APP und PS.
Mit Hinweisen aus 6, 27.4.2025

Sieben Schwestern (M45)

Weil man diese Ansammlung auch mit freiem Auge sehen kann, werden die 7 sichtbaren Sterne auch gerne die Sieben Schwestern genannt. Insgesamt sind es wohl mehr als 400 Sterne und mit einem Alter von 125 Millionen Jahren Alter noch richtige Jungspunde.

Für uns Astronomen mussten mal wieder die Griechen mit ihrer Mythologie herhalten: so heissen sie nach den Töchtern des Atlas und der Pleione Plejaden (Katalogbezeichnung des Charles Messier M45). Sie sind ein offener Sternhaufen und mit etwa 400 Lichtjahren Entfernung ein sehr naher Teil unserer Galaxie, der Milchstraße.

Die hellsten Sterne sind ebenfalls nach einzelnen Plejaden oder ihren Eltern benannt: Atlas, Pleione, Alcyone, Asterope, Celaeno, Electra, Maia, Merope und Taygeta. Schön, wie sich Wissenschaft und alte Geschichten hier verbinden.

Bild: M45-Pleiaden-24Feb6-SGP0-Wfw-QHY268M-TS420-25L60s75RGB120s-MFsMB-APP-PI+RGB+PS23h, Gestackt mit Astro Pixel Prozessor, verarbeitet mit Pixinsight mit BlurX und Adobe Photoshop mit TopazAI.
Mit Hinweisen aus 6, 27.4.2025

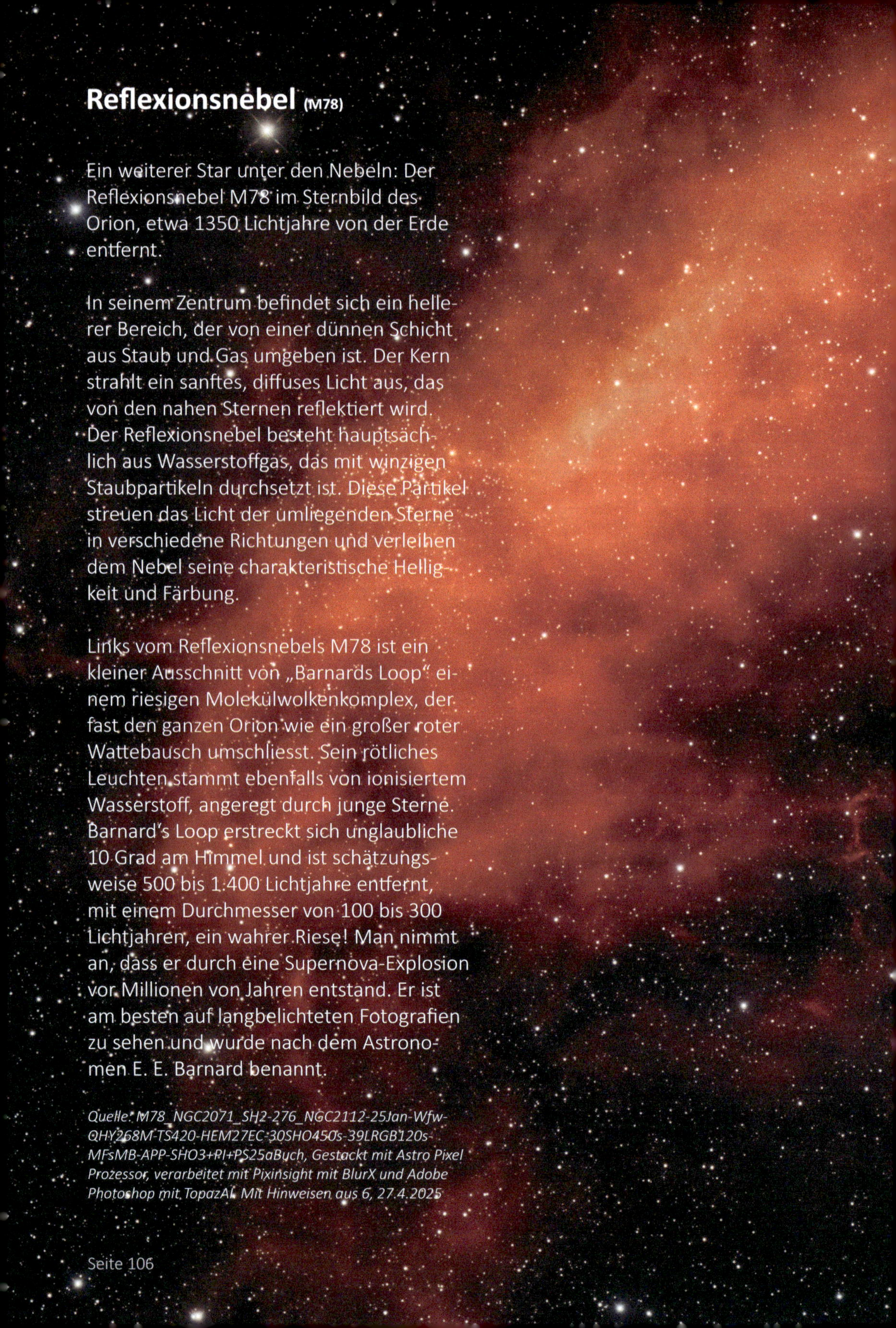

Reflexionsnebel (M78)

Ein weiterer Star unter den Nebeln: Der Reflexionsnebel M78 im Sternbild des Orion, etwa 1350 Lichtjahre von der Erde entfernt.

In seinem Zentrum befindet sich ein hellerer Bereich, der von einer dünnen Schicht aus Staub und Gas umgeben ist. Der Kern strahlt ein sanftes, diffuses Licht aus, das von den nahen Sternen reflektiert wird. Der Reflexionsnebel besteht hauptsächlich aus Wasserstoffgas, das mit winzigen Staubpartikeln durchsetzt ist. Diese Partikel streuen das Licht der umliegenden Sterne in verschiedene Richtungen und verleihen dem Nebel seine charakteristische Helligkeit und Färbung.

Links vom Reflexionsnebels M78 ist ein kleiner Ausschnitt von „Barnards Loop" einem riesigen Molekülwolkenkomplex, der fast den ganzen Orion wie ein großer roter Wattebausch umschliesst. Sein rötliches Leuchten stammt ebenfalls von ionisiertem Wasserstoff, angeregt durch junge Sterne. Barnard's Loop erstreckt sich unglaubliche 10 Grad am Himmel und ist schätzungsweise 500 bis 1.400 Lichtjahre entfernt, mit einem Durchmesser von 100 bis 300 Lichtjahren, ein wahrer Riese! Man nimmt an, dass er durch eine Supernova-Explosion vor Millionen von Jahren entstand. Er ist am besten auf langbelichteten Fotografien zu sehen und wurde nach dem Astronomen E. E. Barnard benannt.

Quelle: M78_NGC2071_SH2-276_NGC2112-25Jan-Wfw-QHY268M-TS420-HEM27EC-30SHO450s-39LRGB120s-MFsMB-APP-SHO3+PI+PS25aBuch, Gestackt mit Astro Pixel Prozessor, verarbeitet mit Pixinsight mit BlurX und Adobe Photoshop mit TopazAI. Mit Hinweisen aus 6, 27.4.2025

Engelsnebel (NGC 2170)

Der schöne Engelsnebel NGC 2170, eine andere kosmische Sternenwiege, die aus einer Wolke aus Gas und Staub entstanden ist. Sie wurde durch Gravitationskräfte zusammengezogen und hat so die Geburt neuer Sterne ausgelöst. Diese jungen Sterne leuchten hell im ultravioletten Bereich und ionisieren das umgebende Gas, was zu der charakteristischen rötlichen Färbung des Nebels führt.

Technische Details: Das Motiv besteht aus lediglich 4 Bildern (Luminanz, Rot, Grün und Blau) mit je 600 Sekunden Belichtungszeit einer Vollbildmonokamera QHY600M CCD vom Chile 2 Remoteteleskop von telescope.live: Gestackt mit Astro Pixel Prozessor (APP), Pixinsight (BlurX) und Photoshop 2023. Mit Hinweisen aus 6, 27.4.2025

Weihnachtsbaum-Sternhaufen (NGC 2264)

Da steht er: Mitten in dieser Sternenlandschaft erstrahlt der Weihnachtsbaum-Sternhaufen (NGC 2264) in voller Pracht. Wie ein riesiger Weihnachtsbaum, aber nicht aus Nadeln, sondern aus Sternen geformt und geschmückt mit funkelnden Lichtern! Diese „Lichter“ sind junge, massereiche Sterne, die in einer dreieckigen Form angeordnet sind, wie die Äste einer Tanne. Sie sind Teenager und erst wenige Millionen Jahre alt und strahlen mit einer blendenden bläulich-weißen Helligkeit. Ihre Energie ist so immens, dass sie das umliegende Gas zum Leuchten bringen.

Der Weihnachtsbaum ist eingebettet in ein Meer aus leuchtendem Gas, einen sogenannten Emissionsnebel. Dieses kosmische Glühen ist wie der zusätzliche Schmuck am Weihnachtsbaum, ein Schleier aus rot leuchtendem Wasserstoff, der durch die intensive UV-Strahlung der jungen Sterne zum Leuchten angeregt wird. Dieser riesige Nebel erstreckt sich über ein weites Gebiet und wird von Astronomen als LBN 902 katalogisiert. Er ist wie ein riesiger, leuchtender Rahmen um die gesamte Szenerie.

Direkt unterhalb des Weihnachtsbaum-Sternhaufens ragt eine dunkle, geheimnisvolle Gestalt empor: der Konusnebel. Ein dunkler Kegel oder eine spitze Tüte, die sich vor dem hellen Hintergrund des Emissionsnebels abzeichnet. Dieser „Schatten“ im Sternenlicht ist kein leerer Raum, sondern eine dichte Wolke aus Staub und Gas, die das Licht der dahinterliegenden Sterne absorbiert und streut. Er ist ein perfektes Beispiel für einen Dunkelnebel und ein Ort, an dem sich vielleicht in ferner Zukunft neue Sterne bilden werden.

Nicht weit vom Weihnachtsbaum entfernt befindet sich der Fuchsnebel (auch Fuchspelz-Nebel oder Sharpless 2-275 genannt). Mit etwas Fantasie erkennt man in seiner unregelmäßigen Form den Kopf und das Fell eines Fuchses. Auch dieser Nebel leuchtet rot, da er von den jungen Sternen im Weihnachtsbaum-Sternhaufen angestrahlt und ionisiert wird. Er ist ebenfalls Teil des großen LBN 902-Komplexes.

Nordwestlich des Weihnachtsbaum-Sternhaufens findet sich LBN 899, ein Reflexionsnebel. Im Gegensatz zu den Emissionsnebeln leuchtet er nicht selbst, sondern reflektiert das Licht der benachbarten Sterne. Dadurch erscheint er in einem sanften Blauton.

Bild: NGC2264_Christmas_2024Jan_SPG0_Wfw_QHY268M_TS420_HEM27EC_76SHO450s_MFsMB_APP_SHO3+GraxP+BlurX+SPCC+PS23dNik6Buch. Mit Hinweisen aus 6, 12/2024 und mit Animationsvideo per QR-Code

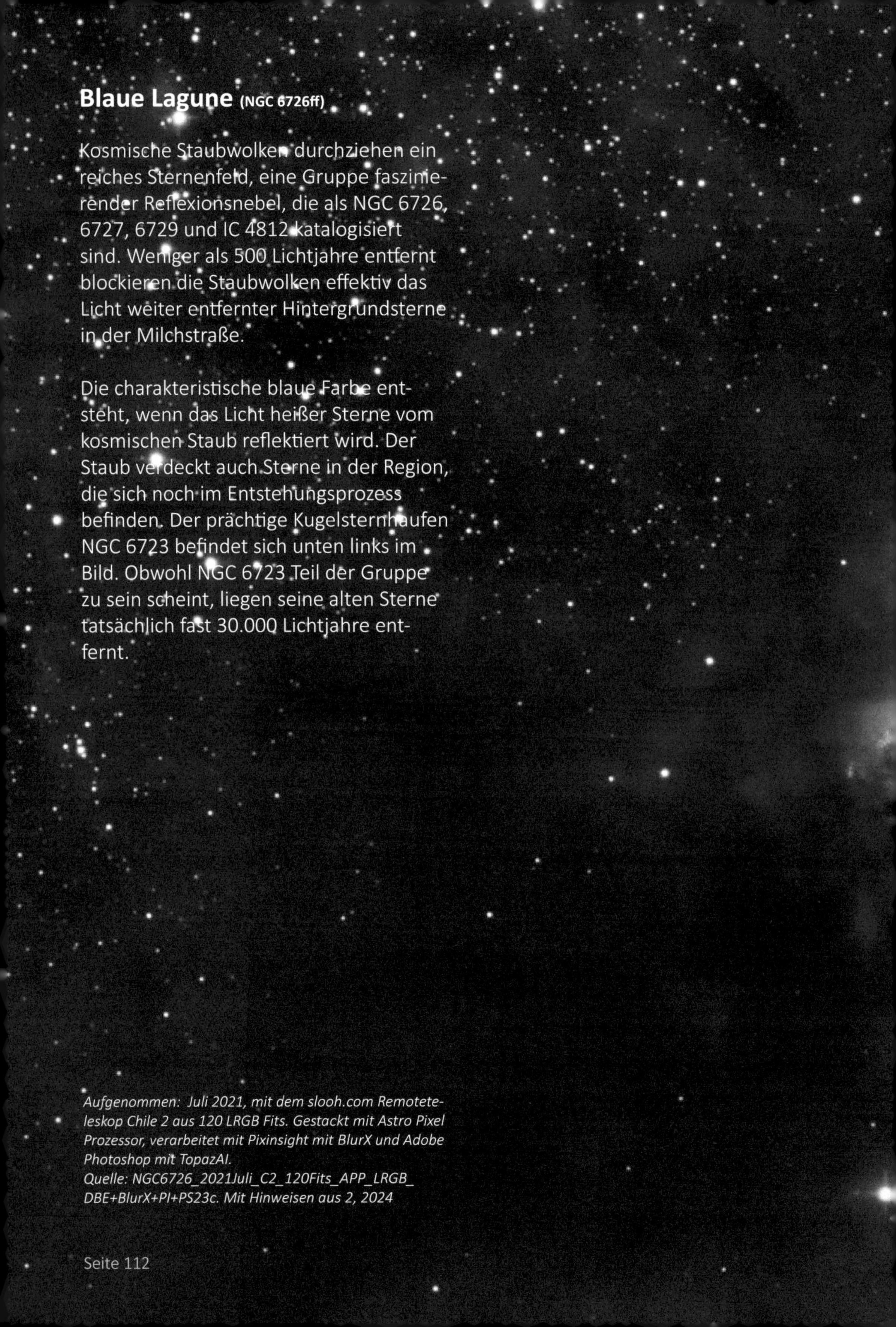

Blaue Lagune (NGC 6726ff)

Kosmische Staubwolken durchziehen ein reiches Sternenfeld, eine Gruppe faszinierender Reflexionsnebel, die als NGC 6726, 6727, 6729 und IC 4812 katalogisiert sind. Weniger als 500 Lichtjahre entfernt blockieren die Staubwolken effektiv das Licht weiter entfernter Hintergrundsterne in der Milchstraße.

Die charakteristische blaue Farbe entsteht, wenn das Licht heißer Sterne vom kosmischen Staub reflektiert wird. Der Staub verdeckt auch Sterne in der Region, die sich noch im Entstehungsprozess befinden. Der prächtige Kugelsternhaufen NGC 6723 befindet sich unten links im Bild. Obwohl NGC 6723 Teil der Gruppe zu sein scheint, liegen seine alten Sterne tatsächlich fast 30.000 Lichtjahre entfernt.

Aufgenommen: Juli 2021, mit dem slooh.com Remoteteleskop Chile 2 aus 120 LRGB Fits. Gestackt mit Astro Pixel Prozessor, verarbeitet mit Pixinsight mit BlurX und Adobe Photoshop mit TopazAI.
Quelle: NGC6726_2021Juli_C2_120Fits_APP_LRGB_DBE+BlurX+PI+PS23c. Mit Hinweisen aus 2, 2024

Herznebel (IC 1805)

Der Herznebel (IC 1805, Sharpless 2-190) ist ein Emissionsnebel, 7.500 Lichtjahre entfernt und im Perseus-Arm unserer Galaxie im Sternbild Kassiopeia gelegen. Er zeigt leuchtendes ionisiertes Wasserstoffgas und dunklere Staubstreifen.

Der hellste Teil des Nebels (ein Knoten, links an seinem westlichen Rand) wurde zuerst entdeckt und NGC 896 genannt. So ist das manchmal in der Wissenschaft, man tastet sich ran, Stück für Stück. Eine kleine Gruppe von Sternen in der Nähe des Zentrums des Nebels macht hier die Beleuchtung und lässt den Nebel intensiv rot leuchten und so aussehen wie wir ihn sehen. Dieser offene Sternhaufen, bekannt als Collinder 26 oder Melotte 15, enthält einige helle Sterne mit fast der 50-fachen Sonnenmasse und viele weitere dunkle Sterne, die nur einen Bruchteil der Sonnenmasse ausmachen.

Der Herznebel besteht auch aus ionisierten Sauerstoff- und Schwefelgasen, die für die satten blauen und orangen Farben verantwortlich sind. Diese sind in meinen Schmalbandaufnahmen (H-alpha für Wasserstoff, sowie S2 und OIII) sehr gut zu sehen. Die Form des Nebels wird ebenfalls durch Sternwinde der heißen Sterne in seinem Kern bestimmt. Der Nebel erstreckt sich auch am Himmel über eine Breite von fast 2 Grad und bedeckt eine Fläche, die viermal so groß ist wie der Durchmesser des Vollmonds.

Bildquelle: Gartensternwarte Pongau, QHY268m, TS420mm f/2.8, 76 SHO mit je 450 Sekunden, 71 LRGB Aufnahmen mit je 60 Sekunden, entwickelt mit APP, PI und PS, Gestackt mit Astro Pixel Prozessor, verarbeitet mit Pixinsight mit BlurX und Adobe Photoshop mit TopazAI. Mit Hinweisen aus 6, 27.4.2025 und mit Animationsvideo per QR-Code

Seelennebel (IC 1848)

Westlich, also links davon der Verwandte vom Herznebel: Der Seelennebel (auch Sharpless 2-199 oder LBN 667) ist ein Emissionsnebel im Sternbild der Kassiopeia. Mehrere kleine offene Sternhaufen sind in diesem Nebel eingebettet: Cr 34, Cr 632 und Cr 634 im Kopf und IC 1848 im Rumpf. Das Objekt ist allgemein auch unter der Bezeichnung des letzteren Sternhaufens IC 1848 bekannt.

Der kleine Emissionsnebel IC 1871 ist gleich links oben am Kopf des Seelennebels zu finden, weitere kleine Emissionsnebel wie IC 669 und IC 670 liegen leicht unterhalb.

Bildquelle: IC1848SoulN-Wfw-QHY268M-TS420-HEM27EC-24SHO450s_40LRGB60s_MFsMB-APP-SHO3+PlmitSPCC+PS24b.jpg, Gestackt mit Astro Pixel Prozessor, verarbeitet mit Pixinsight mit BlurX und Adobe Photoshop mit TopazAI. Mit Hinweisen aus 6, 21.5.2025 und mit Animationsvideo per QR-Code

Rosettennebel (NGC 2237)

Der Rosettennebel: wie eine Rosette im endlosen Garten des Kosmos! Wissenschaftlich etwas trockener als NGC 2237 bezeichnet ist er ein diffuser Emissionsnebel im Sternbild Einhorn.

Er ist etwa 5.500 Lichtjahre von der Erde entfernt und hat einen Durchmesser von etwa 80 Lichtjahren. Der Nebel besteht aus kaltem, interstellarem Gas und Staub. Er wird von einem Teenagerteam beleuchtet, also Sterne die „nur“ wenige Millionen Jahre alt sind: Diese jungen, heißen Sternen im Zentrum bilden den NGC 2244-Sternhaufen und sind so heiß dass sie ultraviolettes Licht aussenden (emittieren), das Gas im Nebel anregen und ihn so zum Leuchten bringen.

Das angeregte Gas- wir wissen schon, hier verbinden sich Elektronen, die durch die intensive Strahlung aus ihrem Atom geschlagen wurden, wieder mit neuen Atomkernen - erzeugt (emittiert) dann selbst eben Licht, das wir sehen können.

Bildquelle: NGC2238-Rosette-SPG0-Wfw-QHY268M-TS420-HEM27EC-40SHO450s-40LRGB60s-MFsMB-APP-GraXstr-SHO3-St+PI+PS24b.jpg.
Mit Hinweisen aus 6, 27.4.2025

Möwennebel (IC 2177 mit RCW 2)

Eine 240 Lichtjahre große Möwe! Diese Großfeldaufnahme des bekannten Winterobjektes zeigt sehr gut die farbenfrohe Sternentstehungsregion namens RCW2 als Kopf über den IC 2177. Zusammen werden sie volkstümlich auch als Möwennebel bezeichnet. Er erstreckt sich über eine beeindruckende Entfernung von etwa 240 Lichtjahren und liegt etwa 3.800 Lichtjahre von der Erde entfernt.

Der Nebel besteht ebenfalls aus einer Ansammlung von ionisiertem Wasserstoffgas (H II-Region), das durch das energiereiche Licht der nahegelegenen jungen, heißen Sterne zum Leuchten angeregt wird.

Diese Sterne sind oft massive O- und B-Sterne, die einen starken Ultraviolettstrahlungsausstoß haben. Auch hier befinden sich innerhalb des Nebels zahlreiche Protosterne und junge Sternhaufen, die sich gerade aus den kollabierenden Gas- und Staubwolken formen.

Bildquelle: aus IC2177-Moewe-Wfw-2024Apr6-QHY268M-T420-HEM27EC-19SHO450s-26RGB60s-MFsMB-APP-PlmitSHOnativ+PS23c. Mit Hinweisen aus 5, 2024

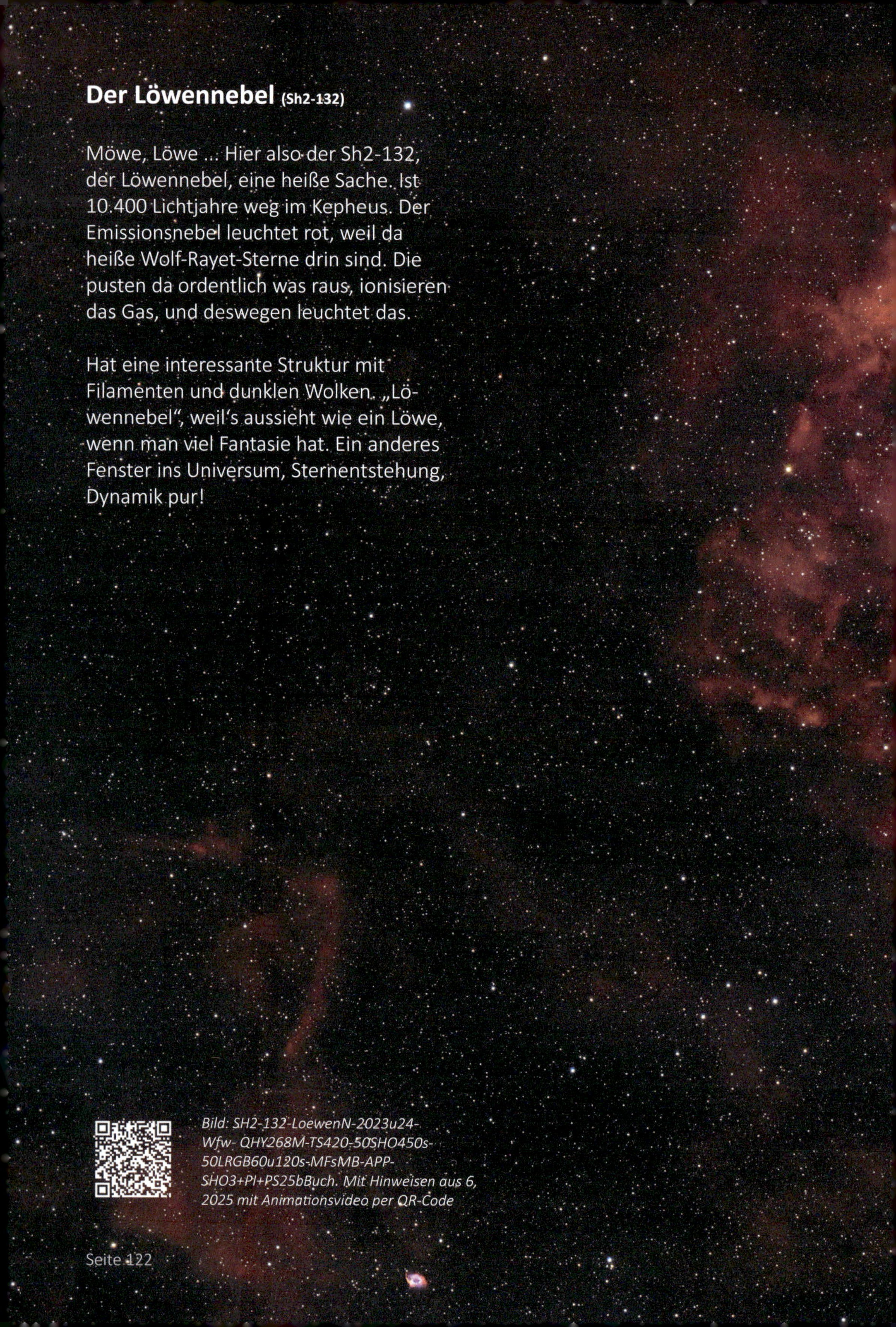

Der Löwennebel (Sh2-132)

Möwe, Löwe ... Hier also der Sh2-132, der Löwennebel, eine heiße Sache. Ist 10.400 Lichtjahre weg im Kepheus. Der Emissionsnebel leuchtet rot, weil da heiße Wolf-Rayet-Sterne drin sind. Die pusten da ordentlich was raus, ionisieren das Gas, und deswegen leuchtet das.

Hat eine interessante Struktur mit Filamenten und dunklen Wolken. „Löwennebel", weil's aussieht wie ein Löwe, wenn man viel Fantasie hat. Ein anderes Fenster ins Universum, Sternentstehung, Dynamik pur!

Bild: SH2-132-LoewenN-2023u24-Wfw- QHY268M-TS420-50SHO450s-50LRGB60u120s-MFsMB-APP-SHO3+PI+PS25bBuch. Mit Hinweisen aus 6, 2025 mit Animationsvideo per QR-Code

Der Kürbiskopfnebel (Sh2-232)

Wasserstoff, ionisierter Wasserstoff, angeleuchtet von den Sternen in der Umgebung. Auch der Kürbiskopfnebel (Sh2-232), ein lichtschwacher Emissionsnebel- so heisst er, da er das Licht abstrahlt oder eben „emittiert". Er besteht hauptsächlich aus Gas, das beginnt neue Sternensystem, meist mit Planeten zu bilden. Kürbiskopf, weil er wohl so ähnlich aussieht. Er ist der größte, aber auch sehr lichtschwache Nebel in einer Gruppe, die etwa 6.000 Lichtjahre entfernt ist. Innerhalb von Sh2-232 befindet sich auch ein kleiner planetarischer Nebel.

Die Aufnahmezeit dieses Objekts betrug aufgrund seiner geringen Helligkeit fast 10 Stunden!

Quelle: SH2-232-KuerbisN-24Jan-SPG0-Wfw-QHY268M-TS420-HEM27EC-66SHO450s-98LRGB60s-MFsMB-APP-LRGB3 nachDanielcrop PS24aBuch. Technische Details: Aufnahmen mit der QHY268M-Monokamera und dem 420/150mm Hyperstar mit 66 Schmalbandaufnahmen mit je 7,4 Minuten sowie knapp 100 LRGB Aufnahmen mit je 60 Sekunden. Gestackt mit Astro Pixel Prozessor und verarbeitert mit Pixinsight und Adobe Photoshop. Mit Hinweisen aus 6, 6.5.2025

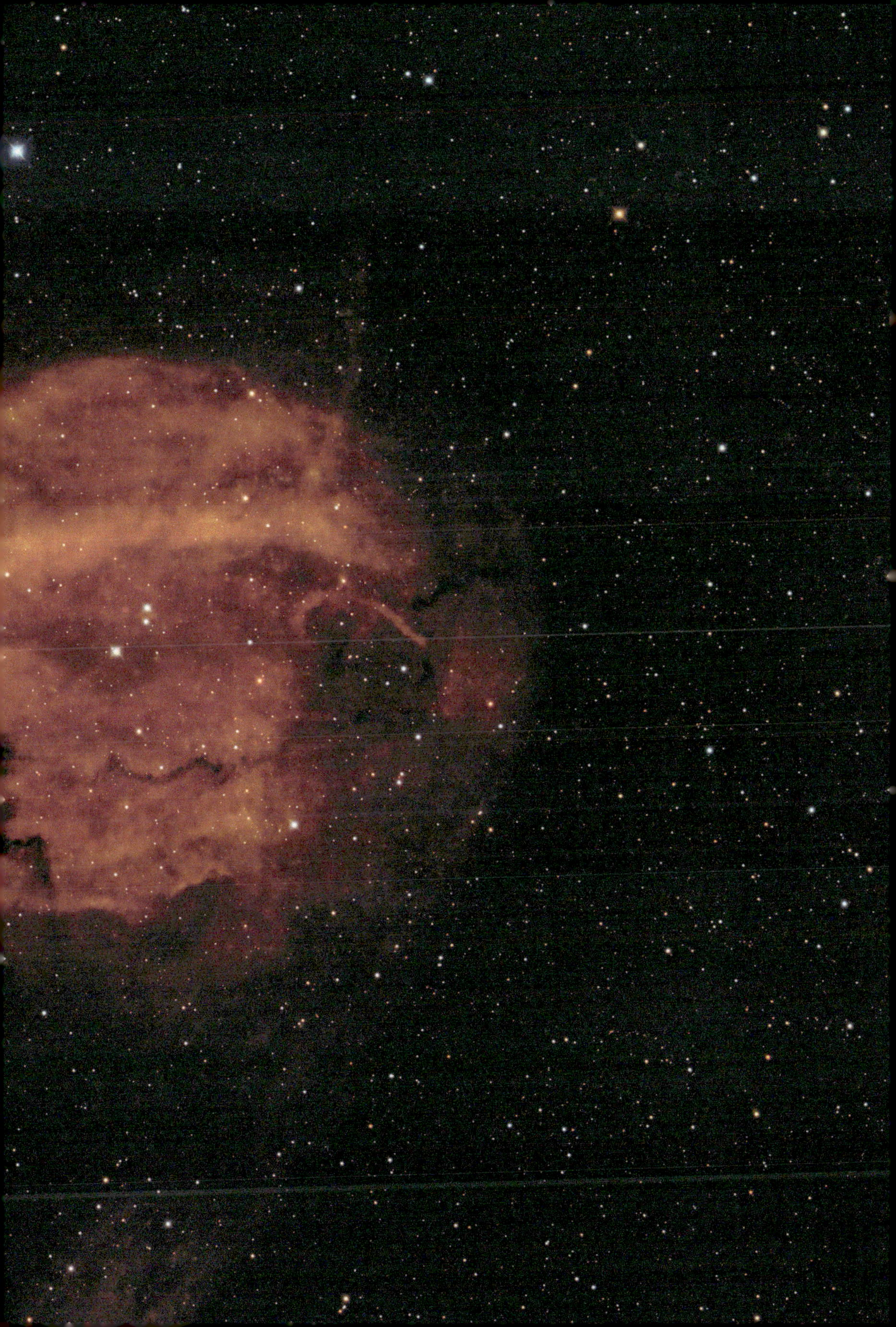

Quallennebel (IC443, Sh2-248)

Kosmisch gesehen quasi gestern, aber so alt wie die Höhlen von Lascaux, in den vor 35.000 Jahren auch Sternbilder wie das Sommerdreieck (Vega, Deneb und Altair) dargestellt worden sein sollen.

So alt ist der Quallennebel, der Rest einer gigantischen Supernova. Mittlerweile hat sich die durch die Explosion entstandene Wolke aus Molekülen und ionisierten Wasserstoff auf über 60 Lichtjahre vergrößert. Im Zentrum befindet sich wahrscheinlich ein Neutronenstern, der extrem dichte und schwere Überrest des explodierten Sterns, ein Teelöffel Neutronensternmaterie würde Milliarden

Quellen beide Seiten: IC443QuallenN_SH2-249-24Dez-Wfw-QHY268M-TS420-HEM27EC-37SHO450s-47LRGB120s-MFsMB-APP-SHO3+PI+PS25c-Buch. Mit Hinweisen aus 6, 23.4.2025, Animationsvideo per QR-Code

... mit riesiger Emissionsregion (Sh2-249)

Tonnen wiegen! Bei einer Entfernung von 5000 Lichtjahren ist der Nebel mit freiem Auge nicht sichtbar. Aber mit meinen Schmalbandfilter (H-alpha für Wasserstoff , S2 für Schwefel und OIII für Sauerstoff) konnte ich seine Strukturen gut sichtbar machen.

Sh2-249 ist ein Emissionsnebel und räumlich und am Himmel eng mit IC 443 verbunden. Während IC 443 nach einer Supernova das Ende eines Sternenlebens repräsentiert, ist Sh2-249 ein Bereich, in dem neue Sterne geboren werden oder kürzlich entstanden sind, Sterben und Leben also direkt nebeneinander! Auch Sh2-249 besteht aus Wolken aus ionisiertem Gas, hauptsächlich Wasserstoff, die Licht emittieren, weil die Atome durch die energiereiche Strahlung naher, heißer Sterne angeregt werden und Regionen aktiver Sternentstehung sind.

Emissionsnebel NGC 2174 mit Galaxie NGC 2175

Optisch gesehen auf der anderen Seite des Quallennebels IC 443 (siehe linker unterer Rand) befindet sich der HII-Emissionsnebel NGC 2174, volkstümlich auch Affenkopfnebel genannt.

Hier handelt es sich ebenfalls um eine große Wolke aus ionisiertem Gas, die durch die intensive ultraviolette Strahlung junger, heißer Sterne zum Leuchten angeregt wird. NGC 2174 ist eng mit dem eingebetteten offenen Sternhaufen NGC 2175 verbunden. Dessen Sterne sind die Energiequelle für die Ionisation des Nebels. Was wir auch hier sehen, sind die rot leuchtenden Gase eines Sternentstehungsgebietes.

Er ist etwa 6.400 Lichtjahre von der Erde entfernt und hat eine Ausdehnung von rund 75 Lichtjahren.

Quelle: IC443_NGC2175-24Dez-Wfw-QHY268M-TS420-HEM27EC-30SHO450s-44LRGB120s-MFsMB-APP-SHO3+PI+PS25b+Nik6Buch. Mit Hinweisen aus 6, 23.4.2025

Galaxien

Unsere Erde ist nicht der Mittelpunkt des Kosmos ...

Manchmal, da muss man sich wirklich vor Augen führen, was für einen langen Weg wir da zurückgelegt haben. Wir, die Menschheit, wenn es darum geht, unseren Platz im Kosmos zu begreifen. Das war kein Spaziergang, das war ein Ringen, ein ständiges Hinterfragen, ein Abschiednehmen von liebgewonnenen Vorstellungen.

Denken wir doch mal zurück: Jahrhunderte, Jahrtausende haben die Menschen zum Himmel geschaut und was haben sie gesehen? Nun, sie sahen, wie Sonne, Mond und Sterne ihre Bahnen zogen. Ganz offensichtlich, so schien es, drehte sich alles um uns, um unsere Erde. Das war das geozentrische Weltbild. Die Erde, der unbewegte Mittelpunkt, das Zentrum von allem. Passt ja auch irgendwie zur direkten Beobachtung, nicht wahr? Man steht fest auf der Erde und sieht, wie die Gestirne auf- und untergehen.

Aber die Sache hatte einen Haken und das haben zumindest einige der alten Griechen bereits geahnt: Wenn man genauer hinschaute, mit den immer besseren Instrumenten, die im Laufe der Zeit entwickelt wurden, dann fielen einem da Ungereimtheiten auf. Die Planeten, die tanzten da manchmal eine seltsame Choreografie am Himmel, machten Schleifen, rückten vor und wieder zurück. Das passte irgendwie nicht zu einem rein geozentrischen System. Man musste Hilfskonstruktionen ersinnen, um diese Bewegungen zu erklären, ein ungeheuer kompliziertes Gedankengebäude!

Und dann kam da ein gewisser Herr Kopernikus im 16. Jahrhundert daher. Und der sagte im Prinzip: Moment mal, was wäre, wenn wir das Ganze mal umdrehen? Was, wenn nicht die Erde, sondern die Sonne im Zentrum steht, sozusagen eine heliozentrische Sicht? Helios, die Sonne, im Zentrum, und die Planeten, einschließlich unserer Erde, kreisen darum. Die Erde selbst dreht sich auch noch munter um sich selbst und der Mond, der bleibt uns treu und umkreist die Erde.

Das war revolutionär, ein Paradigmenwechsel erster Güte! Plötzlich wurden die Planetenbahnen elegant. Diese komischen Schleifen, eine natürliche Folge davon, dass wir, auf der sich bewegenden Erde sitzend, andere Planeten überholen oder von ihnen überholt werden, während wir alle die Sonne umrunden. Viel einfacher, viel schlüssiger!

Kopernikus stieß damit zunächst auf Widerstand, klar. Alte Denkmuster sind zäh. Aber dann kamen Männer wie Kepler, die mit ihren Gesetzen zeigten, wie sich die Planeten bewegen, und allen voran Newton im 17. Jahrhundert, der mit seiner Gravitationstheorie erklärte, warum sie sich so bewegen. Das heliozentrische Weltbild setzte sich durch, weil es die Beobachtungen nicht nur beschrieb, sondern auch erklärte.

Doch die Reise endete hier nicht. Erst vor gerade mal gut 100 Jahren, dämmerte uns die nächste, die galaktische Dimension. Wir stellten fest: Fixsterne - Sonnen

Silbersplitter-Galaxie (NGC891)

wie unsere eigene- sind Teil riesiger Sternensysteme von anderen Galaxien! Was also schon länger vermutet wurde ist nun Gewissheit: Unsere Milchstraße ist nur eine unter unzähligen Galaxien im schier unendlichen Kosmos.

Im Bild hier sehen wir übrigens eine dieser Galaxien; NGC 891, eine Spiralgalaxie wie unsere Milchstraße. Wir sehen sie hier von der Erde aber genau von der Kante. „Edge-on“, sagen da die Astronomen. Volkstümlich auch „Silbersplitter-Galaxie“ genannt, weil sie am Himmel wie ein schmaler, leuchtender Splitter erscheint.

Wir blicken direkt in die Scheibe dieser Galaxie hinein. Und was sehen wir da? Ein phänomenales, dunkles Band, das sie der Länge nach durchzieht. Das ist nicht etwa ein Riss oder eine Leere, nein, das ist Staub! Gewaltige Mengen interstellaren Staubs und Gases, die das Licht der dahinterliegenden Sterne einfach verschlucken.

Das Licht übrigens, das wir heute hier empfangen ist bereits 30 Millionen Jahre durch den Raum gereist, kosmisch gesehen ein paar Wimpernschläge, aber was ist in dieser Zeit gerade auf der Erde passiert ...? Die drei großen Sterne darunter, größer und heißer als unsere Sonne sind mit 150 bis 3000 Lichtjahren richtig nah.

Bild: NGC891-25Jan-Wfw-QHY268M-TS420-HEM27EC-40LRGB120s-MFsMB-APP-LRGB1+PI+PS25aBuch. Mit Hinweisen aus 6; 4+5/2025

Galaxien des Leo Triplett (M66-Gruppe)

Drei Galaxien: NGC 3628 oben, darunter M66 und rechts davon M66, eine Art kosmische Wohngemeinschaft, etwa 35 Millionen Lichtjahre entfernt. Leo Triplett, weil sich die 3 Galaxien im Sternbild Löwe oder Leo befinden.

Ihre Schwerkraft zieht aneinander, zerrt an den Spiralarmen, verbiegt die Scheiben. Man sieht es bei NGC 3628- seinem Aussehen nach auch Hamburger genannt, - der einen langen „Gezeitenschwanz“ hinter sich herzieht. Oder darunter links M66, deren Arme etwas durcheinandergewirbelt sind.

Dieses Triplett zeigt uns: Das Universum ist nicht starr. Galaxien sind keine festen Gebilde, sondern sie interagieren, sie beeinflussen sich, ein langsames aber unaufhörliches Kräftespiel im Kosmos.

im Bild: M65-66-LeoTriplet-SPG0-Wfw-QHY268M-TS420-HEM27EC-9Ha450s-40LRGB90s-MFsMB-APP-PI+PS23b
Mit Hinweisen aus 6, 11.5.2025

Andromedagalaxie, die galaktische Nachbarin

Da sieht man mit dem freien Auge so einen kleinen Lichtnebel, nichts besonderes denkt man. Oh doch, das ist die Andromeda Galaxie oder M31 wie sie Messier bezeichnet hat. Von den Milliarden Galaxien im Kosmos ist sie uns - von den Magellanschen Zwerggalaxien um uns herum mal abgesehen- am nächsten. Und trotzdem ist sie 2,5 Millionen Lichtjahre entfernt, da war der Mensch gerade mal in den Startlöchern! Benannt übrigens nach der einzigen Tochter des König Cepheus, was für ein Name für dieses gewaltige Ding.

Aber was ist das für ein Ding: Eine Galaxie, ähnlich unserer Milchstraße mit ähnlichen astronomischen Objekten: dunkle Staubbänder, mehr als 200 Sternenentstehungsgebiete, möglicherweise 500 Kugelsternhaufen und im Zentrum ein massereiches Schwarzes Loch von etwa 100 Millionen Sonnenmassen. Ihre Spiralarme erstrecken sich bis zu einer Distanz von rund 80.000 Lichtjahren, ihr Halo (Lichthof) dehnt sich über eine Million Lichtjahre aus.

Wie haben wir die eigentlich entdeckt? Der persische Astronom Al-Sufi hat diese „kleine Wolke" schon im 10. Jahrhundert beschrieben. Nicht recht viel mehr sahen mein Bruder Christian und ich, als wir vor sehr vielen Jahren mit einfachster Ausrüstung versuchten, die ersten Aufnahmen von dieser Galaxie zu machen.

Und dann kam Edwin Hubble! Vor gerade mal 100 Jahren, im Oktober 1923 hat er den endgültigen Beweis geliefert: M31

ist eine eigene Galaxie! Und womit hat er das gemacht? Mit den Sternen, die die amerikanische Astronomin Henrietta Swan Leavitt schon 1912 entdeckt hatte: den Cepheiden. Das sind Sterne, die in regelmäßigen Perioden pulsieren und je langsamer sie das tun, umso heller sind sie. Da die Helligkeit mit der Entfernung (zum Quadrat) aber abnimmt sind sie perfekte kosmische Entfernungsmesser! Damit konnte Hubble die Distanz messen und die Welt der Astronomie auf den Kopf stellen.

Das Aufregendste kommt aber noch: Andromeda „rast" auf unsere Milchstraße zu, in mehreren Milliarden Jahre wird sie mit dieser verschmelzen und eine neue Galaxie bilden.

Aber keine Angst, die Sterne sind so weit voneinander entfernt, da wird es nicht gleich krachen! Während der verschiedenen Stadien der Kollision würden Milchstraße & Andromeda einem außenliegenden Betrachter wie irreguläre Galaxien erscheinen, einige Millionen bis Milliarden Jahre nach der Kollision wird „Milkdromeda", also das Ergebnis der Verschmelzung, zu einer elliptischen Galaxie werden.

Animationsvideo per QR-Code

Technische Details: Aufnahmen der Andromedagalaxie sind aufgrund seiner Größe und seiner Lichtstärke bereits mit einfacherer Ausrüstung möglich. Selbst mit einer Brennweite eines einfachen Teleobjektives mit 100mm sieht man das Objekt schon sehr gut. Ideal sind 200mm, formatfüllende wie hier sind es allerdings etwa 500mm Brennweite. Einzelbild auf dieser Seite: EOSRa-22-6400-3058+PI+PS25aNik6 mit nur 180s Aufnahmezeit bei 6400 ASA, Texte aus 6, 4-7/2025

Bild nächste Seite wurde mit der Monokamera QHY268M mit insgesamt 47 LRGB-Kanäle zu 60s aufgenommen. Zur Hervorhebung der HII-Regionen wurde zusätzlich 25 H-alpha Filteraufnahmen mit je 7,5 Minuten gemacht: M31-Andromeda-2023Dez-Wfw-QHY268M-TS420-HEM27EC-25SHO450s-47LRGB60s-MFsMB-APP+PI+PS23aNik6

Dreiecksnebel (M33), lokale Gruppe

Der zweitnächste Nachbar- diesmal sind es schon 3 Millionen Lichtjahre- gehört aber dennoch zum gleichen Bezirk, astronomisch korrekt: zur lokalen Gruppe.

Der Dreiecksnebel (M33) , eine Spiralgalaxie im Sternbild Dreieck (Triangulum) ist etwa halb so groß wie unsere Milchstraße ist. Mit einer Gesamthelligkeit von 5,7 mag ist sie für das bloße Auge aber kaum mehr sichtbar.

Nur halb so groß wie die beiden Nachbarinnen Andromedagalaxie und unsere Milchstraße enthält sie aber ebenfalls Milliarden ähnlicher Objekte.

Die rötlichen Inseln, die ich mit dem H-alpha Filter aufnehmen konnte, stellen wie auch bei den beiden Schwestergalaxien HII- also ionisierte Wasserstoffregionen dar, in denen Millionen Sonnen- und Planetenssysteme neu entstehen.

Quelle: M33-DreiecksN-24Dez2-Wfw-QHY268M-TS420-HEM27EC-11Ha450s-48LRGB120s-MFsMB-APP-PI+SPCC+PS25b+NikBuch , Technische Details: Neben 48 RLGB-Aufnahmen mit der QHY268M-Monokamera und dem 420/150mm Hyperstar zeigen die zusätzlichen 11 H-alpha Aufnahmen die roten Sternentstehungsgebiete. Auch hier gestackt mit Astro Pixel Prozessor und verarbeitert mit Pixinsight und Adobe Photoshop. Mit Hinweisen aus 1, 2024 und Animationsvideo per QR-Code

Whirlpoolgalaxie (M51)

M51, so die Nummer des Messier Katalogeintrag, Dahinter verbirgt sich ein kosmischer Strudel, etwas, das unsere Vorstellungskraft anregt: die Whirlpool-Galaxie, eine Galaxie in Aktion!

M51 ist nicht allein. Sie hat einen Begleiter, eine kleinere Zwerggalaxie namens NGC 5195. Und diese beiden ziehen aneinander an. Eine Wechselwirkung wie ein galaktischer Ringkampf mit Konsequenzen: überall in diesen prächtigen Spiralarmen kollabiert Gas und Staub unter seiner eigenen Schwerkraft, und es entstehen neue Sterne, massereich und hell.

Wir sehen das Licht dieser jungen Sterne, wir sehen die leuchtenden Gaswolken, aus denen sie entstehen. Aber auch hier: Dieses Licht, das wir heute von M51 empfangen, das hat sich etwa vor 25 Millionen Jahrmillionen auf den Weg gemacht, da gab´s uns Menschen als Spezies noch gar nicht!

M51 ist also viel mehr als nur ein schönes Bild am Nachthimmel, sie ist ein Laboratorium für Astrophysik. Sie zeigt uns, wie Galaxien interagieren, wie Gravitation über riesige Distanzen wirkt und wie daraus Neues entsteht.

Bild: M51-25Apr-Wfw-QHY268m-Lac1200-CGX-4Ha900s-38LRGB120s-APP-LHaRGB1+PI+LRGB+PS25bBuch , Technische Details: Neben 38 RLGB-Aufnahmen mit der QHY268M-Monokamera und dem 1200mm Lacerta 1200/300 zeigen die zusätzlichen 4 H-alpha Aufnahmen die roten Sternentstehungsgebiete. Auch hier gestackt mit Astro Pixel Prozessor und verarbeitert mit Pixinsight und Adobe Photoshop. Mit Hinweisen aus 6, 7.5.2025 und Animationsvideo per QR-Code

Bode´s Galaxien (M81 und M82)

Im Herzen dieser Galaxie sitzt ein echtes Monster: ein supermassives schwarzes Loch mit sage und schreibe 70 Millionen Sonnenmassen, viel massereicher als das schwarze Loch in unserer eigenen Galaxie, der Milchstraße!

Mit der Katalognummer Messier 81 oder auch NGC 3031 hat sie einen Durchmesser von 82.000 Lichtjahren und eine Helligkeit von 7,0 mag. Sie ist eine der hellsten Spiralgalaxien am Nordsternhimmel. Verglichen mit der Andromedagalaxie (M31) erscheint M81 mit etwa einem Dreißigstel von dessen Fläche merklich kleiner und ist etwa viermal weiter entfernt, rund 12 Millionen Lichtjahre.

M81 ist nicht allein: sie gehört zu einer Gruppe von Galaxien, der M81-Gruppe eben. Und da gibt es eine andere berühmte Galaxie ganz in der Nähe, M82, die Zigarrengalaxie. Die sieht ganz anders aus, zerrupft irgendwie, da tobt die Sternentstehung ganz gewaltig. Die beiden hatten wohl mal eine engere Begegnung, das hat M82 ordentlich durcheinandergewirbelt und vielleicht auch die Sternentstehung in M81 angeheizt.

Das Objekt wird zu Ehren ihres Entdeckers auch Bode´s Galaxie genannt, da sie am 31. Dezember 1774 von Johann Elert Bode entdeckt wurde.

Bild diese Seite: M81-BodeRegion-Wfw-SGP0-QHY268M-T420-HEM27EC-20SH450s-51LRGB120s-MFsMB-APP-LRGBSH+PImitSPCC+PS23b, aufgenommen mit dem Hyperstar 420mm, Bild auf der folgenden Seite: M81-25Apr-Wfw-QHY268m-Lac1200-CGX-6Ha900s-39LRGB120s-APP-PI+LRGB+PS25bBuch. Mit Hinweisen aus 6, 7.5.2025

Bild auf Folgeseite: 39 RLGB-Aufnahmen mit der QHY268M-Monokamera und mit meinem seit April 2025 neuem 1200mm Lacerta 1200/300. Die zusätzlichen 6 H-alpha Aufnahmen zeigen sehr schön die roten H-II Regionen, ferne Sternentstehungsgebiete. Gestackt mit Astro Pixel Prozessor und verarbeitet mit Pixinsight und Adobe Photoshop.

Weitfeldaufnahme Galaxien M100,M99+M98

Geselliges Gruppentreffen namens Virgo-Galaxienhaufen: Hier tummeln sich so 55 Millionen Lichtjahre entfernt hunderte, wenn nicht sogar tausende Galaxien. Die finden sich wie´s bei Gruppen so ist anziehend und beinflußen sich gegenseitig: Das heißt sie sind gravitativ miteinander verbunden, stehen also in einer Wechselwirkung.

Meine Aufnahme ist ein kleiner Ausschnitt. Einige wichtige Gruppenmitglieder hier sind: rechts unten M100 (auch bekannt als NGC 4321), eine sogenannte „Grand-Design"-Spiralgalaxie. Das bedeutet, sie hat klar definierte und gut sichtbare Spiralarme mit sehr aktiven Sternentstehungsgebieten.

Oben rechts NGC 4298 und 4302: ebenfalls Spiralgalaxien, die durch ihre Nähe in gravitativer Wechselwirkung stehen. Mitte oben M99, deren Draufsicht auf die assymetrischen Spiralarme spannende Hinweise auf (frühere) gravitative Einwirkung anderer Galaxien in der Nähe gibt.

Ganz links M98 (oder NGC 4192), eine sogenannte „anämische" Spiralgalaxie, was bedeutet, dass sie im Vergleich zu anderen Spiralgalaxien wenig Sternentstehung aufweist. Ihre Scheibe ist stark geneigt, sodass wir sie fast von der Kante sehen. Ein besonderes Merkmal ist, dass sie sich auf unsere Milchstraße zubewegt, was durch ihre Blauverschiebung, auch bekannt unter dem „Dopplereffekt" nachgewiesen wird. Die meisten Galaxien entfernen sich von uns und zeigen im Gegensatz zur Blauverschiebung eine Rotverschiebung, das ist faszinierende und praktische Physik!

Bild: M100+M99+M98+NGC4298-25Mrz-Wfw-QHY268M-TS420-CGX-21Ha600s-62LRGB180s-MFsMB-APP-LRGBausPI+PS25aBuch. Technische Details: Neben 62 RLGB-Aufnahmen mit der QHY268M-Monokamera und dem 420/150mm Hyperstar zeigen die zusätzlichen 21 H-alpha Aufnahmen rote Sternentstehungsgebiete. Gestackt mit Astro Pixel Prozessor und verarbeitert mit Pixinsight und Adobe Photoshop. Mit Hinweisen aus 6, 7.5.2025

Feuerradgalaxie mit Supernova 2023 (M101 mit SN2023ixf)

Da explodiert ein Stern, nicht irgendwo in den Tiefen des Nichts, unbedeutend und fern, sondern quasi vor unserer kosmischen Haustür. Na ja, „vor der Haustür“ ist relativ, wenn wir über 21 Millionen Lichtjahre reden, da haben sich bei uns noch die Kontinente verschoben bzw. Alpen und Himalaja waren noch mit dem Auffalten beschäftigt. Aber in den unendlichen Weiten des Universums ist das geradezu ein Katzensprung! Und dieses grandiose Feuerwerk hat auch einen Namen bekommen: SN 2023ixf und man konnte sie ab Mai 2023 über mehrere Monate bereits mit einfachen Teleskopen sehen. Es starten hier gerade ähnliche-Prozesse wie ich es vorher bereits in der Supernova des Jahres 1054 n.Chr., dem heutigen Krebsnebel (M1) und der Supernova 2014 SN2014J beschrieben habe.

SN 2023ixf war ein Riesenstern, ein sogenannter Überriese der in der Feuerradgalaxie (M101) lag. Diese hat einen Durchmesser von etwa 170.000 Lichtjahren, ist also etwas größer als die Milchstraße.

Supernovae, und das kann man gar nicht oft genug betonen, sind die Gärtner des Kosmos. Bei dieser gewaltigen Explosion werden all die schweren Elemente, die im Inneren des Sterns erbrütet wurden – Kohlenstoff, Sauerstoff, Eisen, all das, woraus Planeten, Sie und ich bestehen – ins All hinausgeschleudert. Supernovae verteilen diesen kosmischen Dünger.

Ohne Supernovae gäbe es keine Planeten wie die Erde, keine Sterne der nächsten Generation und letztlich auch uns nicht. Zwei Jahre sind nun vergangen und wie man auf der Farbaufnahme auf der folgenden Doppelseite vom Juni 2025 sieht, ist die Supernova SN2023ixf längst wieder verblasst. Doch die Feuerrad-Galaxie selbst hat nichts von ihrer Faszination verloren!

Für die Aufnahme auf der folgenden Seite nutzte ich auch einen H-alpha Filter, um die massiven, grell leuchtenden roten HII-Regionen einzufangen. Diese riesigen Sternenentstehungsbereiche leuchten selbst über eine Distanz von 21 Millionen Lichtjahren noch strahlend hell.

Quelle: M101_2023Mai22_Wfw_QHY268M_C11mit1764mm_25MonoFits_APP_MONO_DBE+BlurX+PS23c.jpg. Technische Details: reine Monoaufnahme mt QHY268M und einem Celestron C11 mit Reducer 0,67 auf 1764mm. Aufnahme auf der folgenden Seite vom Juni 2025 mit dem Lacerta 1200/300mm: M101-25Mai-Wfw-QHY268m-Lac1200-CGX-16Ha600s-70LRGB240s-MFsMFDsMDsMBs-APP-PI+LRGBmitSPCC+PS25bNik6Buch. Mit Hinweisen aus 6, 7.5.2025.

Blasengalaxie (NGC 3521)

Im Sternbild des Löwen, da gibt es diese Galaxie, NGC 3521. Und die ist keine dieser superordentlichen Spiralen wie unsere Milchstraße. Nein, NGC 3521, die „Blasen-Galaxie“, die ist eher flauschig.

30 Millionen Lichtjahre weg da breitet sich diese Sterneninsel aus, über 100.000 Lichtjahre groß. Und ihre Spiralarme? Nicht sauber aufgerollt, sondern zerfasert wie Wolkenfetzen. Man nennt das eine „flockige“ Spiralgalaxie. Da gab es wohl mal eine kosmische Rauferei, vielleicht eine Kollision, die ihr dieses etwas chaotische, aber wunderschöne Aussehen verpasst hat.

Im Zentrum glüht der Kern, voller alter Sterne, während in den Armen neue Sonnen geboren werden. Entdeckt hat sie der unermüdliche Wilhelm Herschel im Jahr 1784. Ein Blick auf sie, und man sieht: Das Universum ist eben nicht immer perfekt symmetrisch, aber gerade in seiner Unordnung oft am faszinierendsten!

William Herschel (1738-1822) war ein deutsch-britischer Astronom. Er machte unzählige Entdeckungen, darunter den Planeten Uranus und baute leistungsstarke Teleskope, die tiefere Einblicke ins Universum ermöglichten. Sein größtes Teleskop, das im Jahre 1789 erbaut wurde und hatte bereitsw einen unglaublichen Spiegeldurchmesser von 122 cm (48 Zoll)!

Bildquelle: NGC3521-CHI1-CMOS-2024FebContBundle-CDK24-QHY600M-129LRGB300s-APP-LRGB1+PI+PS23bCrop2. Mit Hinweisen aus 6, 21.4.2025

Hamburger Galaxie (NGC 3628)

Und hier noch einmal die Hamburger Galaxie (oder NGC 3628) im Detail: mit einem Durchmesser von etwa 145.000 Lichtjahren ist sie größer als unsere Milchstraße, wirkt aber mit 35 Millionen Lichtjahren Entfernung kleiner. Die Galaxie sieht man von der Kante. Dies prägt ihr Aussehen stark, da ein auffälliges, dunkles Staubband ihre Mitte verdeckt. Auch in ihren Spiralarmen gibt es viele Sternentstehungsgebiete. Sie ist Teil des Leo-Tripletts zusammen mit M65 und M66. Diese Galaxien beeinflussen sich gegenseitig durch gravitative Wechselwirkung.

Diese Wechselwirkung verursacht den mehrere 100.000 Lichtjahre große Gezeitenschweif, der dieser Galaxie das „kulinarische“ Aussehen verleiht.

Technische Details: Aufgenommen April 2024 in der Gartensternwarte Pongau mit QHY268M und C11 mit 1746mm mit 42 LRGB mit je 180s, gestackt mit Astro Pixel Prozessor, verarbeitet mit Pixinsight und Adobe Photoshop. Bild: NGC3628-Hamb-2024Apr26-Mo94-Wfw-QHY268M-C11mit1764mm-42LRGB180s-APP-LRGB1+PI+PS23aNik6. Mit Hinweisen aus 6, 5/2024

Nadelgalaxie (NGC 4565)

Ganz anders die Nadelgalaxie NGC 4565: sie ist eine helle Spiralgalaxie am Nordhimmel. Weil von der Erde aus ebenfalls nur die schmale Seite der scheibenförmigen Galaxie zu sehen ist, wird sie in Anlehnung an diese dünne langgezogene Erscheinung auch als Nadelgalaxie bezeichnet. Ihre Entfernung beträgt circa 57 Millionen Lichtjahre und ihre Größe über 100.000 Lichtjahre. Und was sehen wir? Eine markante dunkle Linie, die sich durch die Mitte zieht. Das ist kosmischer Staub, sowohl Überreste von Sternen als auch Geburtsstätte neuer Sterne. Dieser Staub verdeckt verdeckt uns den Blick auf das Zentrum. Hinter der Bulge, der zentralen Verdickung der Galaxie vermutet man sogar noch eine kleinere Struktur, vielleicht ein Balken. Die Details, die sind noch Gegenstand intensiver Forschung.

Aufgenommen Mai 2021 mit dem Remoteteleskop von Slooh, Teneriffa 4, mit 108 LRGB Fits. Gestackt mit Astro Pixel Prozessor, verarbeitet mit Pixinsight mit BlurX und Adobe Photoshop mit TopazAI. Bild: NGC4565_2021Mai_T4_108Fits_APP_LRGB_DBE+BlurX+PS23a300dpi. Mit Hinweisen aus 6, 7.5.2025

Markarian´s Kette

Die Markarian-Kette ist ein wunderschöner Galaxienabschnitt, der ebenfalls Teil des Virgo-Clusters ist. Von der Erde aus gesehen liegen die Galaxien entlang einer sanft gekrümmten Linie. Charles Messier entdeckte erstmals 1781 zwei der Galaxien, M84 und M86. Die anderen Galaxien in der Kette wurden von William Herschel entdeckt. Es wurde schließlich nach dem armenischen Astrophysiker Benjamin Markarian benannt, der ihre gemeinsame Bewegung in den frühen 1960er Jahren entdeckte. Zu den Mitgliedsgalaxien gehören M84 (NGC 4374), M86 (NGC 4406), NGC 4477, NGC 4473, NGC 4461, NGC 4458, NGC 4438 und NGC 4435.

Die hellen Glieder der Kette sind bereits durch kleine Teleskope sichtbar. MIt stärkeren Teleskopen können auch die schwächeren Galaxien gut beobachtet werden. In der Nähe des Zentrums erscheint das etwa 50 Millionen Lichtjahre entfernte Paar interagierender Galaxien NGC 4438 und NGC 4435, das von manchen als Markarians Augen bekannt ist.

Bild: M86-Markarian-25Mai-Wfw-QHY268m-Lac1200-CGX-72LRGB180-240s-MFsMFDsMDsMBs-APP-LRGB1+PI+PS25a2Buch, Mit Hinweisen aus 1, 6/2024

Trio in Virgo (ARP286)

Dieses Trio im Sternbild Virgo, zu Deutsch „Jungfrau“ ist ein gravitativer Hotspot: Drei Galaxien, die einander unerbittlich anziehen, sich in Millionen von Jahren verformen. Die Bezeichnung ARP286 umfasst alle drei der etwa 70 Millionen Lichtjahre entfernten Galaxien. Als das Licht für diese Aufnahme seine Reise antrat, da stampften bei uns noch die Dinosaurier durch die Wälder ...

Katalogtechnisch spricht man bei der zentralen und größten Galaxie von NGC 5566, eine prächtige Balkengalaxie, die hier schwerkraftmäßig das Sagen hat und etwa 1,5-mal größer als unsere Milchstraße ist. Darüber die kleinere NGC 5569 und rechts davon die NGC 5560 mit ihrem ausgeprägten Gravitationsschweif. Das sind Nebel und Sterne samt ihren Planeten, die die Schwerkraft der großen zentralen Galaxie Stück für Stück absaugt und es der eigenen Galaxie einverleibt.

Mit meinem 1200 mm Newton und der lichtstarken Öffnung von F/4 konnte ich das lichtschwache Trio schon nach wenigen Stunden Belichtungszeit gut sichtbar machen.

Bildquelle: ARP286-25Mai-Wfw-QHY268m-Lac1200-CGX-82LRGB420s-MFsMFDsMDsMBs-APP-LRGB1+PI+PS25cNik6cBuch, Mit Hinweisen aus 6, 1.6.2025 mit Animationsvideo per QR-Code

Andere Objekte

Sterne und Sternhaufen

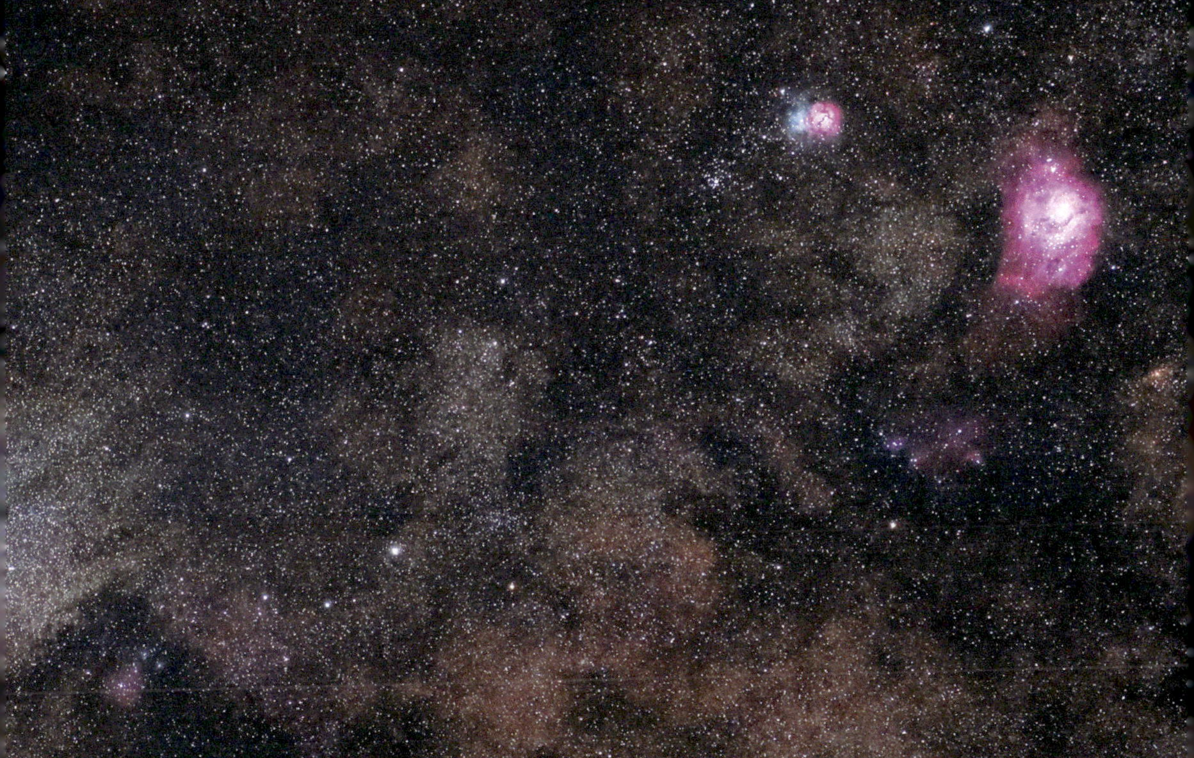

Ein Stern, eine gigantische Kugel aus glühend heißem Gas und Plasma. Eine unvorstellbare Menge Wasserstoff und Helium komprimiert das Ganze unter seiner eigenen Schwerkraft so stark, dass im Inneren ein enormer Druck und eine Temperatur jenseits von Millionen von Grad Celsius herrschen. Und bei diesen Bedingungen, da passiert etwas Erstaunliches: Atomkerne verschmelzen! Wasserstoffkerne ballen sich zu Heliumkernen zusammen. Und bei dieser Kernfusion wird Energie frei, gewaltig viel Energie. Diese Energie strahlt der Stern als Licht und Wärme ab. Das ist das Leuchten, das wir am Nachthimmel sehen. Ein Stern ist also nichts anderes als ein gigantischer Kernfusionsreaktor, der sich quasi selbst betreibt. Und unsere eigene Sonne? Ein durchschnittlicher Stern, einer von unzähligen.

Hier im Bild sieht man in meiner Aufnahme das Zentrum der Milchstraße inklusive dem früher beschriebenem Sommerquartett. Dieses Zentrum allein umfasst Milliarden von Sternen, die sich in Masse, Volumen, Leuchtkraft und Farbe erheblich unterscheiden. Dieses Zentrum verdeckt übrigens „unser" schwarzes Loch, das Herz der Milchstraße, millionenfach massereicher als unsere Sonne. Es spielt eine entscheidende Rolle für die Dynamik der gesamten Galaxie.

Bild: M8-M20-2022Juni26-EOSRa-C135mm-13jpg-12800ASA-Wfw-PI-AI+PS25aBuch
Mit Hinweisen aus 6, 8.5.2025

Doppelsternhaufen (NGC869 + NGC884)

Offene Sternhaufen, quasi die Kinderstuben der Sterne, mehr oder weniger zur gleichen Zeit entstanden, aus ein und derselben gewaltigen Gas- und Staubwolke.

Kinderstube, was heißt das im kosmischen Maßstab? Diese Haufen sind vielleicht gerade mal so um die 10 Millionen Jahre alt. Unsere eigene Sonne? Die ist viereinhalb Milliarden Jahre alt, gegen die Kinder im Perseus ist unsere Sonne also bereits im gesetzten Alter. Das Licht, das wir heute Abend von diesen Sternen sehen, ist vor etwa 7000 Jahren losgeschickt worden, in einer Zeit als der Mensch gerade mal anfing, sesshaft zu werden.

Wir sehen da hunderte, ja sogar tausende von Sternen in jedem Haufen. Viele davon sind massereiche, heiße, blaue Sterne. Die leben schnell und sterben jung, meist in einer gewaltigen Supernova. Es gibt sogar bereits ein paar rote Riesen darunter, Sterne, die sich auf ihrem Weg zum Ende schon ein bisschen aufgebläht haben. Diese Mischung macht den Anblick so reizvoll, auch schon mit einem kleineren Teleskop oder mit einem guten Fernglas.

Wie genau sich so ein Doppelpack bildet und über Jahrmillionen stabil bleibt, das ist immer noch Gegenstand der Forschung. Da spielen komplexe gravitative Wechselwirkungen eine Rolle, da wissen wir lange noch nicht alles.

Bild: NGC869_884-DoppelSternH-24Dez-Wfw-QHY268M-TS420-HEM27EC-60LRGB120s-APP-LRGB1+PInurSterne+PS25aBuch
Mit Hinweisen aus 6, 8.5.2025

Herkules-Kugelsternhaufen (M13)

Der Herkules-Kugelsternhaufen- als M13 katalogisiert- ist eine kugelförmige Ansammlung von Sternen, die unglaublich dicht gepackt sind. M13 selbst umfasst allein mindestens 500.000 Sterne. Sie stammen aus den Anfängen des Universums, sind also bis zu 13 Milliarden Jahre alt und bestehen daher nur aus „leichten“ Elementen wie Wasserstoff und Helium.

M13 ist der hellste Kugelsternhaufen am Nordhimmel und wurde schon 1714 vom englischen Astronomen Sir Edmond Halley entdeckt. Er ist etwa 25.000 Lichtjahre von der Sonne entfernt und hat die 300.000-fache Leuchtkraft der Sonne und einen unglaublichen Durchmesser von etwa 150 Lichtjahren. Zum Vergleich: unsere Sonne ist gerade mal 8 Lichtminuten von uns entfernt. Nach Halley ist übrigens der alle 75 Jahre wiederkehrende Riesenkomet 1P/Halley benannt, das nächste mal soll er 2061 wieder sichtbar sein. M13 kann bereits in einem Fernglas als nebliges Fleckchen wahrgenommen werden.

Rechts unten scheint eine Galaxie M13 zu begleiten, aber: die Spiralgalaxie NGC6207 ist nicht 25.000 sondern unglaubliche 30 bis 45 Millionen Lichtjahre entfernt, also mehr als 1000 mal weiter weg wie der Herkules-Kugelsternhaufen.

Bildquelle: M13-25Jul-Wfw-QHY268m-Lac1200-CGX-28LRGB120s-MFsMFDsMDsMBs-APP-LRGB1+PI+PS25aNik6Buch
Mit Hinweisen aus 6, 7/2025

Wir sind aus Sternenstaub gemacht (M35)

Haben Sie sich eigentlich schon mal gefragt, woraus wir gemacht sind? Klar, da sind Zellen, Organe, dieser ganze Apparat, der uns am Leben hält. Aber, wenn wir mal so richtig, tief in die Materie eintauchen, auf die elementare Ebene schauen, dann erleben wir eine Überraschung.

Denn, und das ist das Faszinierende, Ihr Körper, und ja, meiner auch, besteht zu einem überwältigenden Teil aus Elementen, die direkt aus dem Kosmos stammen, aus den Tiefen des Universums! Und es sind im Grunde nur vier chemische Elemente, die da die Hauptrolle spielen. Nur vier: Wasserstoff, Sauerstoff, Kohlenstoff und Stickstoff. Das ist das Gerüst.

Da haben wir zunächst mal den Wasserstoff. Der ist das häufigste Element im ganzen Kosmos. Über 70 Prozent und in uns immerhin das dritthäufigste Element. Und woher kommt der? Vom Urknall! Dieser Wasserstoff, ist wie schon beschrieben der Treibstoff für die Sterne. Und wir Astronomen können diesen ionisierten Wasserstoff sogar mit diesen speziellen H-alpha Filter fotografieren.

Und wenn dann ein wirklich großer Stern sein Leben aushaucht, entsteht eine Supernova, eine Explosion von unvorstellbarem Ausmaß. Und bei dieser Explosion, da schleudert der Stern all das Material, das er in seinem Inneren erzeugt hat, hinaus ins All. Und da sind sie: die restlichen Elemente unserer Top Vier: Sauerstoff, Kohlenstoff und Stickstoff.

Diese Sternenreste, die fliegen dann Millionen von Jahren durchs All. Sammeln sich, bilden riesige Wolken aus Gas und Staub. Und aus einer solchen Wolke ist unser Sonnensystem entstanden, die Erde und damit auch wir! Die Sauerstoff-, Kohlenstoff-, Wasserstoff- und Stickstoffatome, die jetzt gerade in Ihrem Körper sind, die waren mal Teil eines oder mehrerer Sterne. Diese Elemente kommen natürlich nicht als Gase vor, die sind fein säuberlich gebunden, in Flüssigkeiten, in Feststoffen, in all den komplexen Molekülen, die uns ausmachen.

Wenn Sie also das nächste Mal gefragt werden, ob Sie schon mal eine Supernova gesehen haben, dann können Sie voller Überzeugung sagen: Ja, sogar höchstpersönlich! Denn ein Teil von Ihnen war definitiv dabei. Diese Vorstellung, dass *„wir aus Sternenstaub gemacht sind"* ist nicht neu, der berühmte amerikanische Astronom Carl Sagan (1934-1996) hat das schon gesagt.

Der offene Sternhaufen, den Sie hier links sehen, M35, das ist eine Ansammlung von Hunderten solcher Sterne. Viele davon sind heißer und größer als unsere eigene Sonne. Mit etwa 100 Millionen Jahren sind die noch richtig jung. Ein kosmisches Teenageralter, wenn Sie so wollen, 2800 Lichtjahre entfernt. Trotzdem kann man ihn in den Wintermonaten, hier bei uns auf der Nordhalbkugel, sogar als schwachen Lichtfleck erkennen.

Bildquelle: M35_NGC2158-25Jan-Wfw-QHY268M-TS420-HEM27EC-8Ha450s-43LRGB120s-MFsMB-APP-LHaRGB1+PI+PS25cNurSterneBuch. Mit Hinweisen aus 6, 23.5.2025

Kometen

Komet Neowise, 2020

2020 gab´s ein echtes astronomisches Highlight, und zwar direkt vor unseren Augen, der Komet Neowise, offiziell *C/2020 F3*, ein Schweifstern.

Schon immer haben uns diese Himmelserscheinungen fasziniert. Plötzlich sind sie da, kein Wunder, dass man sie früher für Schicksalsboten oder Zeichen der Götter hielt.

Was sind diese Dinger? Im Grunde dreckige Eisbälle, meist Reste aus der Geburtsstunde unseres Sonnensystems. Wenn sie der Sonne nahekommen, verdampft das Eis, reißt Staub mit sich und fertig sind Koma und Schweif! Oder wie hier sogar zwei in Blau und Rotweiß, in den Farben von Sauerstoff, Wasser und durch die Sonneneinwirkung beleuchteter Staub.

Und stellen Sie sich vor: Schon der alte Pythagoras- ja genau, der aus dem Matheunterricht- glaubte 540 v.Chr., also lange vor unserer Zeitrechnung, die kommen wieder, auf regelmäßigen Bahnen!

Dieser Neowise nun kam so nah, dass er wochenlang mit bloßem Auge zu sehen war, der hellste Komet seit Langem! Auf seiner Bahn war er uns zeitweise sogar näher als die Sonne. Diese Aufnahme stammt vom 20. Juli 2020 etwa um 23:00 Uhr direkt vor meiner Gartensternwarte. Da hatte der Komet eine Entfernung von „nur“ 100 Millionen Kilometer zur Erde, war also bereits näher als unsere Sonne.

Für eine Runde um die Sonne braucht er etwa 4.500 Jahre. Auf Malta wurde sogar eine ca. 4.500 Jahre alte Kalksteintafel gefunden, in der vielleicht sogar schon sowas Ähnliches drauf gekritzelt wurde?

Entdeckt hat ihn eine NASA-Mission names NEOWISE (Near-Earth Object Widefield Infrared Survey Explorer). C/2020 steht für den Begriff Comet, 2020 für das Jahr.

Aufgenommen: Juli 2020 mit einer Canonfarbkamera EOS 6D Mark II, 18 Aufnahmen mit je 30s, f/6.3, 6400 ASA Brennweite 176 mm ab 23.20 Uhr über dem Tennengebirge/Salzburg. Gestackt mit Pixinsight und Autointegration, verarbeitet mit Pixinsight mit BlurX und Adobe Photoshop mit TopazAI. Bild: 2020F3Neowise-2020Juli20-Wfw-EOS6Dii-18jpg-DSS+PS23a.jpg

Komet C/2023-A3 (Tsuchinshan-ATLAS)

Wieder ein Komet des Jahres: diesmal 2024 und einer der größten der letzten Jahrzehnte. Erst Anfang 2023 von den Observatorien Tsuchinshan und ATLAS fast gleichzeitig entdeckt, habe ich ihn Ende September in der Atacamawüste in Chile am sonnennächsten Punkt fototografieren können.

Diese Aufnahme entstand aber 3 Wochen später im Pongau, als er mit 71 Millionen Kilometern am erdnächsten Punkt noch besser sichtbar war. Das Wetter machte es wie in unseren Breiten üblich spannend. Ich brauchte mehrerer Anläufe aber hier kann man es sehen: Wunderbare blaue Spuren von Eis, Wasserdampf und beleuchtetem Staub. Diese bilden einen mehrere Million Kilometer langen Schweif, der sogar an der Erdatmosphäre reflektiert und eine Art Gegenschweif erzeugt. Die Dimensionen sind riesig, allein der Kern (Nukleus) hatte noch eine Ausdehnung von etwa 100.000 km.

Falls man diesen Kometen überhaupt noch mal sehen wird: Seine Umlaufbahn beträgt von der Oortschen Wolke und zurück je nach Schätzung bis zu mehreren Millionen Jahre.

Aufgenommen am 24. Oktober 2024: C2023-A3-Tsuchinshan-Atlas-2024Okt26-Wfw-QHY268M-420mm-HEM27EC-42LRGB120s-APPKomet-RGB1 PI PS24a.jpg Gestackt mit Pixinsight und Autointegration, verarbeitet mit Pixinsight mit BlurX und Adobe Photoshop mit TopazAI. Mit Hinweisen aus 6, 8.5.2025. Das Video per QR-Code beinhaltet die Liveaufnahme des Kometen beim Aufgang in der Atacamawüste.

Komet Leonard, 2021

Es war ein Herr Leonard vom Mount Lemmon Observatory, der diesen Kometen am 3. Jänner 2021 entdeckte und ihm dann ganz bescheiden gleich den eigenen Namen gab. Der nach ihm benannte Komet C/2021 A1 (Leonard) ist ein langperiodischer Komet mit einer Umlaufzeit von etwa 80.000 Jahren, ist also ziemlich lange her, dass man den vorher vielleicht schon mal gesehen hat.

Der Kern des Kometen war einen Kilometer groß und bestand wie ein dreckiger Schneeball aus einem Gemisch aus Eis, Staub und Gestein. Am 3. Dezember 2021 sauste er dann mit der zu uns kürzesten einer Entfernung von etwa 28 Millionen Kilometern an der Sonne vorbei und begann sich aufzuheizen und zu verdampfen. Das verdampfende Eis bildete eine riesige Staubwolke, die den Kern umgab und wie hier sichtbar wurde.

Diese Staubwolke reflektierte also das Licht der Sonne und machte den Kometen so hell, dass dieser bei guter Sicht sogar mit bloßem Auge gesehen werden konnte. Es wird auch vermutet, dass der Komet bei diesem Vorbeiflug an der Sonne sich so stark erhitzte, dass er sich komplett auflöste.

Aufgenommen: 24. Dezember 2021 mit dem Remoteteleskop Slooh.com mit dem Observatorium Chile 2 aufgrund seiner Helligkeit mit nur einer einzigen LRGB Aufnahme. Farbkanäle gestackt mit Astro Pixel Prozessor, verarbeitet mit Pixinsight mit BlurX und Adobe Photoshop mit TopazAI. Bild: C2021-A1-C2-1LRGB-24Dez-PI+AI+DBE+PS23a300dpi.jpg Mit Hinweisen aus 6, 31.7.2025

Komet C2022/E3 ZTF

Der Komet C/2023 E3 ZTF ist ebenfalls ein langperiodischer Komet, der eine Umlaufzeit von etwa 20.000 Jahren hat. Er wurde am 5. März 2022 von dem Zwicky Transient Facility (ZTF) am Palomar Observatory in Kalifornien entdeckt, s. Name). Das ZTF (https://www.ztf.caltech.edu/) in Kalifornien durchmustert jede zweite Nacht systematisch den Nachthimmel auf der Suche nach erdnahen Asteroiden und hellleuchtenden Supernovae (siehe dazu auch Beispiel M101 in diesem Buch).

Der Kern auch dieses Kometen hat einen Durchmesser von etwa ein Kilometer und besteht aus einem Gemisch aus Eis, Staub und Gestein. Und auch hier: als der Komet der Sonne näher kam, begann er sich aufzuheizen und zu verdampfen und diese Staubwolke reflektierte das Licht der Sonne und machte auch diesen Kometen so hell, dass er mit bloßem Auge gesehen werden konnte.
Er erreichte seinen sonnennächsten Punkt (Perihel) am 12. Januar 2023 mit einer Entfernung von etwa 166 Millionen Kilometern. Am 1. Februar 2023 hatte er seinen geringsten Abstand zur Erde mit etwa 42,6 Millionen Kilometern, klingt viel ist aber tatsächlich „nur" eine Viertel des Abstands zu unserer Sonne.

Aufgenommen: Gartensternwarte Pongau am 7. Februar 2023 mit einer Canonfarbkamera EOS RA, 15 CR3 mit je 60s, f/6.3, 6400 ASA Brennweite 1000 (500x2) mm. Gestackt mit Pixinsight und Autointegration, verarbeitet mit Pixinsight mit BlurX und Adobe Photoshop mit TopazAI. Credit: C2022-E3-ZTF-Auriga6.0Mag-2023Feb07-Wfw-EOSRa-2xC500-15CR3x60s-6400ASA-PI+AI+DBE+BlurX+PS23b.jpg. Mit Hinweisen aus 6, 14.2.2025

Südliche Erdhalbkugel

2024 hatte ich das große Vergnügen in der wunderbaren Atacamawüste in Chile eigene Aufnahmen vom Südhimmel machen zu können!

Was sofort auffiel: der Polarstern *Polaris*, der fixe Anker für die genaue Ausrichtung des Systems ist nicht da! Dafür gibt es mit dem südlichen Polarstern ***Polaris australis*** einen (sehr viel lichtschwächeren) Ersatz. Die vom nördlichen Zuhause bekannten Objekt stehen am Kopf oder sind nicht vorhanden.
Dafür sieht man aber sofort zwei sehr markante Wolken. Die große und die kleine Magellansche Wolke!

Als Sternenschnellbrüter der besonderen Art sticht dabei der 1000 Lichtjahre große Tarantelnebel (NGC2070) in der Großen Magellanschen Wolke hervor. Es ist das größte Sternentstehungsgebiet der Galaxien der lokalen Gruppe, kein Bereich unserer Milchstraße kann da mithalten!

Die Magellanschen Wolken sind zwei irreguläre Zwerggalaxien in relativer Nähe zur Milchstraße und damit Teil der Lokalen Gruppe. Sie werden zur Milchstraßen-Untergruppe gezählt, sind aber möglicherweise nicht gravitativ an die Galaxie gebunden.Die Große Magellansche Wolke in rund 163.000 Lichtjahren Entfer-

Quelle, ESO, frei nach CC BY 4.0: https://de.wikipedia.org/wiki/Magellansche_Wolken#/media/Datei:Magellanic_Clouds_%E2%80%95_Irregular_Dwarf_Galaxies.jpg. Bild nächste Seite: LMC-NGC-2014bisNGC2070-Okt24-SanP-QHY268M-200mmF2_8-HEM27EC-8SHO450s-8LRGB120s-APP-SHO3 PI RGBmitSPCC PS24e Logo. Quelle Aborigines: http://www.aboriginalastronomy.com.au/content/community/kamilaroi/. , mit Hinweisen aus 6, 8.5.2025 und Animationsvideo per QR-Code

Große (und kleine) Magellansche Wolke oder: Brolgas und Wiringin

nung enthält schätzungsweise 15 Milliarden Sterne, die Kleine Magellansche Wolke in rund 200.000 Lichtjahren Entfernung noch immer 5 Milliarden Sterne.

Die Bezeichnung Magellansche Wolken erhielten sie erst später durch den Seefahrer Ferdinand Magellan (1485-1521). Das ist heute nicht unumstritten, war Magellan auch ein Kaufmann und Kriegsunternehmer, der seine Interessen im Auftrag des spanischen Königs Karl I. und anderer Investoren bei Bedarf auch mit Waffengewalt gegenüber den Einheimischen durchsetzte. Ein Vorschlag für eine andere Bezeichnung wie sie von den Aborigines in Australien verendet wird:

Die Große Magellansche Wolke hieße ***Brolgas*** (große Vögel) oder ***Burraalga***, die Kleine Magellansche Wolke auch ***Wiringin*** oder „kluger Mann", der verstorbene Personen in Eingeweihte und Nicht-Eingeweihte (die wiedergeboren werden) einteilt.

Auf der folgenden Seite sieht man nun meine Aufnahme der große Magellanschen Wolke Anfang Oktober 2024 von der unglaublich dunklen Atacamawüste in Chile. Neben dem riesigen Tarantelnebel stechen auf dieser Aufnahme unzählige weitere Objekte hervor wie die Nebel NGC2014 und NGC2020, die ich danach noch vorstelle.

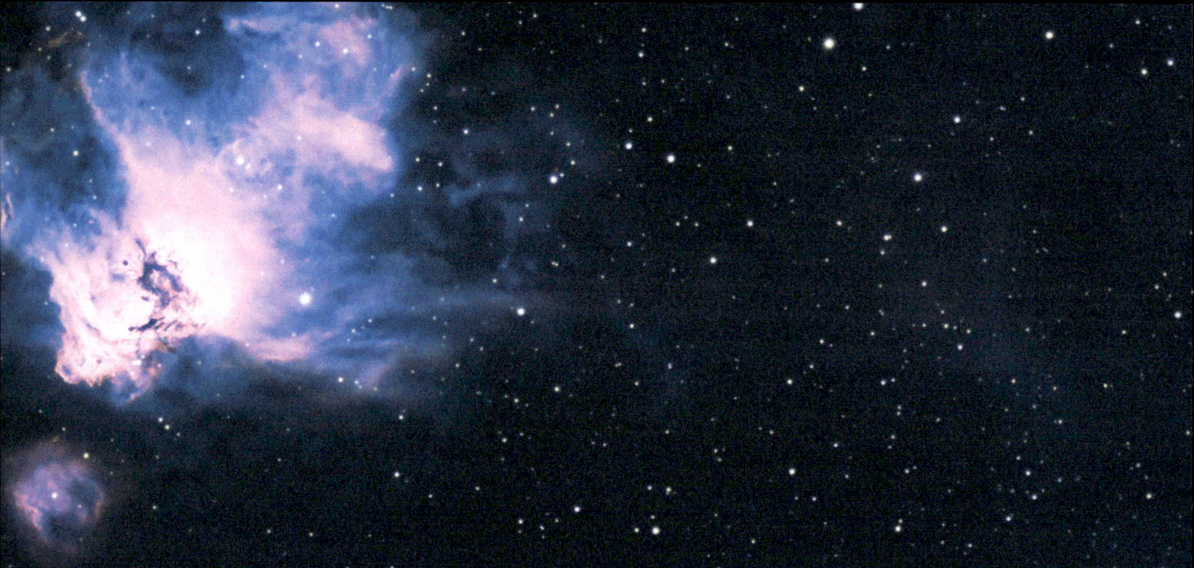

Das kosmische Riff (NGC2014-2040)

Groß war der Schock! Das bis zu diesem Zeitpunkt größte und teuerste Teleskop im All war halb blind! Es wurde im April 1990 durch die Raumfähre Discovery ausgesetzt und lieferte nur unscharfe Bilder! Es dauerte 3 Jahre bis die „Optiker" vor Ort waren: 1993 bekam das Hubbleteleskop (HST) erfolgreich eine Brille names COSTAR verpasst und es sieht heute noch ordentlich scharf, nicht nur im sichtbaren Licht auch im Ultraviolettbereich.

Seinen Namen bekam das 2,4m Spiegelteleskop übrigens nach Edwin Hubble, sie wissen schon, der mit der Entdeckung der wahren Natur der Andromedagalaxie.

Zu 30. Geburtstag des Teleskops im April 2020 hat sich das NASA-Team ein wirklich wunderbares Motiv für eine Aufnahme einfallen lassen. Ich konnte dies ebenfalls vor einigen Monaten über das Remoteteleskop ***telescope.live*** in Chile aufnehmen: eine eindrucksvolle Sternentstehungsregion in der Großen Magellanschen Wolke, man nennt es auch NGC 2014 oder „Kosmisches Riff". Es zeigt einen riesigen roten Nebel, der von jungen, massereichen Sternen erzeugt wird. Diese Sterne strahlen ultraviolette Strahlung aus, heizen das umgebende Gas auf und erzeugen blasenartige Strukturen, ähnlich Korallen. Die massereichen Sterne setzen auch starke Winde frei, die gasförmiges Material wegblasen und dunkle Grate auf der linken Seite des Nebels formen.

Das Zentrum von NGC 2014 beherbergt helle Sterne, jeder 10- bis 20-Mal massereicher als die Sonne. Und die heizen richtig ein: blaue Bereiche im Nebel zeigen das Leuchten von ultraviolett erhitztem Sauerstoff, während rotes Gas auf Wasserstoff und Stickstoff hinweist.

Im Gegensatz dazu wurde der blaue und ringförmige Nebel NGC 2020 von einem einzigen gigantischen Mammutstern erzeugt, der durch Eruptionen Teile seiner äußeren Hülle verlor. NGC 2020

Bild: NGC2020mitNGC2014KosmischesRiff_2024Dez2-CHI1-CMOS-15SHO300s-APP-SHO3+PI+PS25a+Nik6Buch
Mit Hinweisen aus 1, 6/2024

ist ein HII-Gebiet mit einem Wolf-Rayet-Ringnebel um den Stern namens Brey 48. Der Farbunterschied zwischen NGC 2020 und NGC 2014 ist auf dessen Anwesenheit von Brey 48 zurückzuführen, dessen hohe Temperatur die blauen Linien im Bild verursacht, während das Leuchten von NGC 2014 durch die rote Rekombinationslinie des angeregten Wasserstoffs dominiert wird.

Links oben befinden sich des Weiteren der Emissionsnebel NGC 2030 und der Nebelkomplex NGC 2040.

Kosmischer Garten

Eine andere Aufnahme der Umgebung des Kosmischen Riffes wirkt wie ein Gemälde eines farbenprächtigen Gartens. Es beinhaltet viele hochaktive Objekte, darunter in der Bildmitte das vorhin beschriebene kosmischen Riff NGC2014 mit dem blauen NGC2020 in der Mitte, links davon wieder NGC2030 und 2040.

Quelle: NGC2021ffKosmischesRiff_2023Nov-AUS-2-CMOS-QHY600M-Tak106ED-300s10Ha10OIII3SII-APP-PlausSHO+PS25aBuch erstellt mit telescope.live

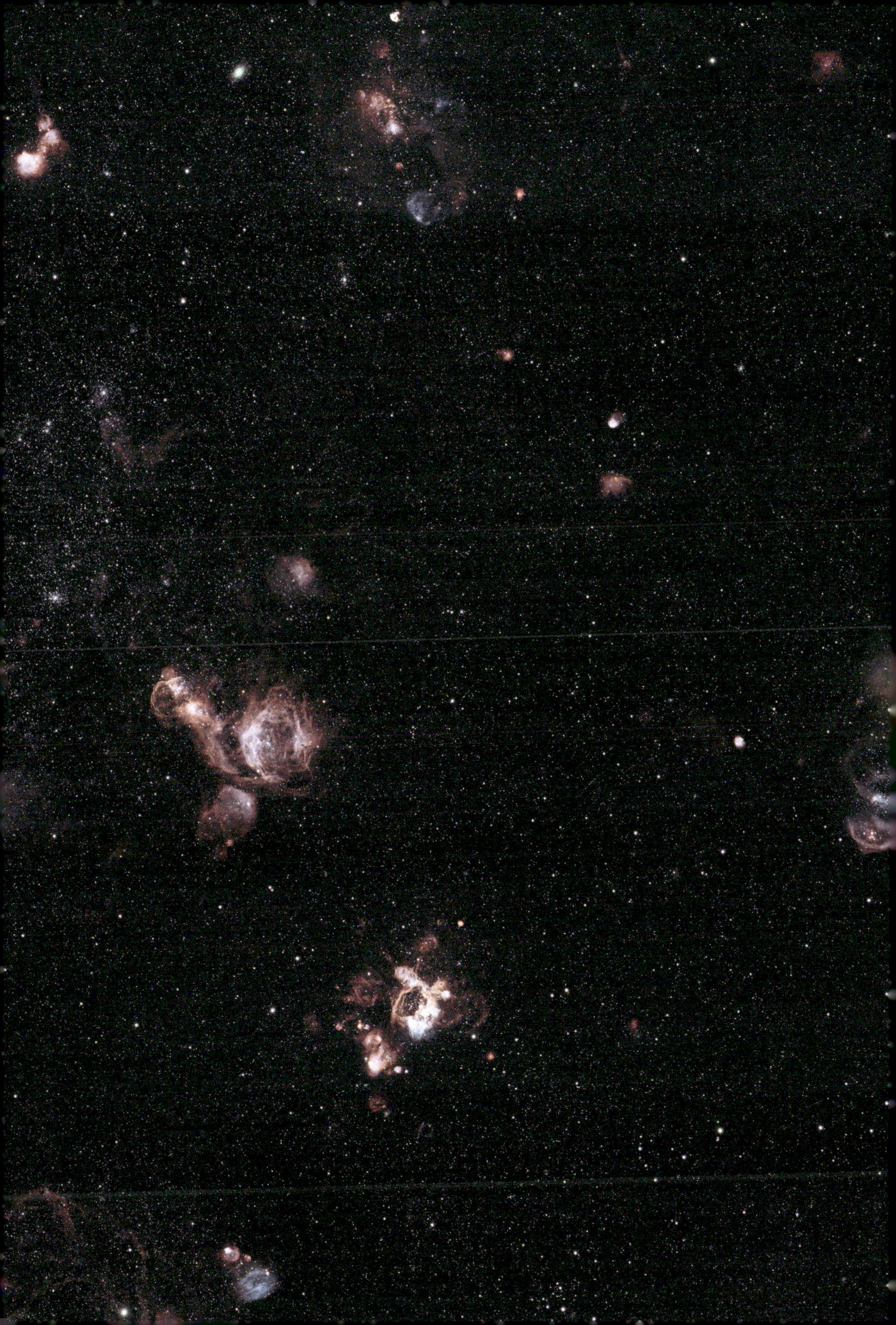

Der Fackelträger (NGC 3576)

... die volkstümliche Bezeichnung des NGC 3576 Nebels, eine Region aus heißen leuchtendem Gas im Sagittarius-Arm der Milchstraße. Das farbenprächtige Licht, das wir hier sehen startete übrigens vor etwa 9.000 Jahren, gerade als mal die ersten Menschen sesshaft wurden.

Auch hier sorgt ein Team von sehr jungen heißen Sternen für die spektakuläre Beleuchtung: Die roten Sternenentstehungsgebiete mit ihrem ionisierten Wasserstoff und wahrscheinlich Winde junger, massereicher Sterne, die für die blauen Gase und Nebel zuständig sind.

Bild: NGC3576-TorchBearer-2023Dez31-CHI1-CMOS-PWCDK24-QHY600M-300s15SHO-APP-SHO3 PS23b
Technische Details: Aufnahme mit telescope.live, Chile 1 CMOS mit nur 15 SHO zu je 300s, entwickelt mit APP, PI und APP. Mit Hinweisen aus 6, 8.5.2025

Eta Carina (NGC 3372)

Der Carinanebel (NGC 3372), auch Eta-Carinae-Nebel, einer der größten und hellsten Emissionsnebel unserer Galaxie. Wasserstoff- und HII-Region, die von den umliegenden Sternen zum Leuchten gebracht wird, also junge Sternenentstehungsregion, wie sie millionenfach existieren. Licht, so um die 8.000 Jahre unterwegs, damit erstreckt sich der Nebel über sage und schreibe 200 bis 300 Lichtjahre.

Technische Details: Aufnahme mit Remoteteleskop telescope.live in Australien mit Takahashi 106ED und QHY600M, 16SHO mot 300s. gestackt mit Astro ixel Prozessor, entwickelt mit Pixinsight und Adobe Photoshop. Bild: NGC3372-EtaCarina-2023Dez31-AUS2-CMOS-Takah106ED-QHY600M-300s16SHO-APP-PI+RGB-PS23aOhneKanäle+Autokontrast. Mit. Hinweisen aus 6, 8.5.2025

Schädel - und Knochennebel (RCW 16)

Die Umgebung des Sternhaufens NGC 2467 im südlichen Sternbild Puppis mit dem volkstümlich schaurigen Namen: extrem junge und heisse Sterne mit einem kosmischen Alter von höchstens einigen Millionen Jahren, quasi eine Babyabteilung, die hier die Sternenentstehung organisieren: Wasserstoff angeregt und ionisiert und schon gibt es das schöne hier in gelb dargestellte Licht. Es enthält auch die offenen Sternhaufen Haffner 18 (Mitte) und Haffner 19 (Mitte rechts: Es befindet sich im kleineren gelbfarbenem Bereich – quasi dem unteren Auge des Schädels) als riesige Flächen ionisierten Gases. Der helle Stern in der Mitte der größten blauen Region unten im Bild ist HD 64315, ein massereicher junger Stern, der das Aussehen der gesamten Nebelregion mitgestaltet.

Technische Details: Dezembercontest von telescope.live, Bild: RCW16_CHI-1-CMOS_2023DecContest_QHY600M-CDK24-145SHOFits-PI+AI+SHOMix4+PS23c.jpg , mit Hinweisen aus 6, 8.5.2025

Garnelennebel (IC4628)

Garnelennebel, der Name klingt niedlich, ist er aber mit seinen 250 Lichtjahren Ausdehnung ganz und gar nicht. Der Emissionsnebel mit der amtlichen Bezeichnung IC4628 ist etwa 6000 Lichtjahre von uns entfernt. Er ist wie uns das rötliche Leuchten des ionisierten Wasserstoffes verrät ebenfalls eine Region sehr aktiver Sternenentstehung.

Rechts davon, aber „nur“ 4000 Lichtjahre entfernt der Sternhaufen NGC 6193 mit vielen jungen massereichen Sternen, einer der hellsten offenen Sternhaufen der Milchstraße.

Diese Objekte sind nur am Südhimmel sichtbar, die Aufnahme entstand ebenfalls im Oktober 2024 während meines Aufenthaltes in der Atacamawüste.

Die Atacamawüste in Chile ist eine der unfassbar dunkelsten Beobachtungsplätze der Welt, ein wahres Eldorado für (Amateur-)Astronomen. Und nicht nur für Astronomen, hier befinden sich mit VLT, ALMA und mit einem riesigen 39m Spiegel geplanten ELT die größten Teleskope der Welt. Siehe dazu auch meine Informationen auf einen der nächsten Seiten.

Bildquelle, Quelle: IC4628-GarnelenN-Okt24-SanP-QHY268M-100mmf2_8-HEM27EC-22SHO450s-28LRGB120s-APP-SHO3 PI PS24c. Mit Hinweisen aus 6, 17.2.2025

Kämpfende Drachen (NG6188 in RCW108) ...

Katalognummer NGC 6188 aus der RCW108 Region: Viele sehen hier „kämpfende Drachen“, da seine Gas- und Staubstrukturen an die Form von Drachen erinnern. Im nahegelegenen offenen Sternhaufen NGC 6193 befinden sich viele Sterne im „Kleinkindalter“, also erst wenige Millionen Jahre alt. Die heizen aber der rotblauen Region um sich herum ordentlich ein, beste Voraussetzungen für eine weitere HII-Region und die Geburt neuer Sterne!

NGC 6188 ist Emissions- und Reflexionsnebel im Sternbild Ara (Altar), etwa 4.000 Lichtjahren von der Erde entfernt.

Quelle oben und folgende Seite: RCW108-AUS2-CMOS-2025Apr-QHY600M-Takah-75SHO300s-APP-SHO3+PI+PS25bBuch50Prozent , Technische Details: Aufnahme mit dem australischen Teleskop AUS2 von telescope. live mit QHY600M und Takahashi 106 mit 380mm, mit je 25 Schmalbildaufname zu je 300s. Mit Hinweisen aus 6, 10.5.2025

... und das Drachenei (NGC 6164/6165)

NGC 6164 ist etwa 4.000 Lichtjahre von der Erde entfernt und hat aufgrund seiner Nähe zum „kämpfenden Drachen" den Namen „Drachenei" bekommen, mein (letztes Astro-) Gesamtbild sieht man auf den nächsten zwei Seiten. Der Nebel umgibt den zentralen, sehr heißen und massereichen O-Stern HD 148937. Dieser Stern, der etwa 40-mal so viel Masse wie die Sonne besitzt, ist für die Ionisierung des umgebenden Gases verantwortlich, wodurch der Nebel so spektakulär sichtbar wird. Nach neueren Forschungen bestand das System ursprünglich aus drei Sternen, von denen zwei ineinander verschmolzen sein sollen.

Quelle: NGC6164-Drachenei-CHI1-CMOS-60HSO300s-APP-SHO3+PI+PS25a, Imposante Detailaufnahme mit 60 Schmalbandaufnahmen im April 2025 mit dem Chile1 von telescop.live, QHY600M mit Planwave SDK24 und 3962mm Brennweite. Gestackt mit AstroPixelProzessor, entwickelt mit Pixinsight und Adobe Photoshop. Animationsvideo per QR-Code

Aufnahme- und Verarbeitungsbeispiele

Vom Unsichtbaren zum Sichtbaren

Immer wieder höre ich die Frage: Wie kann ich etwas, das man mit freiem Auge nicht sieht auf Bildern plötzlich erkennen.

Vereinfacht: Kameras können sehr lange auf einen Punkt „schauen" und sammeln dadurch das Vielfache mehr an Licht als das menschliche Auge. So werden plötzlich Objekte sichtbar, die das menschliche Auge nicht erfassen kann, da es nicht minutenlang auf den gleichen Fleck blicken kann, um „mehr" zu sehen.

Weiter helfen auch Programme, Objekte besser sichtbar zu machen. Dazu mehr auf den folgenden Seiten.

Das menschliche Auge sieht auch nur einen ganz engen Wellenbereich. Der geht von Blau (380nm = Nanometer) bis

Quelle: M8_M20_NGC6559_Sagittarius_Triplet_2023Aug20_Sept1_Wfw_QHY268M_TS420_ HEM27EC_450Sek7Ha8OIII5SII_APP_PI+SPCC-Ausschnitt-Verlauf

Infrarot mit einfachen Mitteln „sehen“

Rot (780 nm = Nanometer). Am langwelligen Ende dieses Bereichs folgen Infrarot-, Mikrowellen- und Radiostrahlung; am kurzwelligen Ende UV-, Röntgen- und Gammastrahlung. In diesen Wellenbereichen „sieht“ das menschliche Auge nichts.

Übrigens: Infrarot (von 780 nm bis 1 mm, mm=Mikrometer) kann man mit einem einfachen Trick sogar „sehen“: Fast jedes Handy kann Infrarotstrahlen sichtbar machen. Dazu einfach eine Fernbedienung in die Kameraoptik halten, die Fotoaufnahme eines Handys aktivieren und man sieht ein bläuliches oder rötliches Licht.

Schauen wir nun auf den folgenden Seiten, welche meiner Aufnahmesysteme unser Sehen wie unterstützen kann.

Einfache Farbkameraausrüstung für Einsteiger

Das hier abgebildete Set ist ein Beispiel für einen möglichen Einstieg in die Astrofotografie. Es genügt eine „normale“ Kamera mit der Möglichkeit endlos belichten zu können (Funktion „B“). Es muss nicht die hier dargestellte Canon EOS Ra sein (Ra ist die astrooptimierte Canon EOS R-Variante).

Je lichtstärker das Objektiv, umso besser. Hier das eher lichtschwache aber zoomfähige Objektiv: Canon RF 100-500 mm, F/4.5-7.1, RF L IS USM für lichtstarke Objekte wie Orion- oder Lagunennebel oder große Galaxien wie die Andromedagalaxie. Eine einfache Nachführung sorgt dafür, dass man je nach Objektiv Aufnahmen bis zu mehreren Minuten machen kann. Hier mein Nachführgerät (im Astrosprech: Montierung) iOptron Skyguider Pro für max. 5 kg Zuladung mit einem günstigen Preis von etwa 500 € (Stand Ende 2024)

Noch wichtig: ein Carbonstativ und 1,35 kg Gegengewicht, PC, Tablet o.ä. für Bildaufnahme per Wifi und Nachbearbeitungssoftware.

Monochrome Kamera mit Filterrad und 420mm Newton Teleskop

Für bessere und detailliertere Aufnahmen ist eine Monokamera unumgänglich. Kombiniert mit Filter für die einzelnen Farben und einer geeigneten Nachführung (Montierung, hier ein iOptron HEM27EC) kann man damit Einzelaufnahmen mit 5, 10 oder mehr Minuten machen. Dies ist besonders für den Einsatz von sogenannten Schmalbandfiltern (H-alpha, OIII und SII) notwendig.

Für die meisten Aufnahmen, die ich in diesem Buch abgebildet habe, verwendete ich die gekühlte CMOS-Kamera QHY268M mono (ASP-C Format mit 3.76 µm, Bin 1x1 und Gain 56). Weiter ein Filterrad für 7 Farbfilter: eine QHY-CFW3 mit 36mm Antlia Filter (LRGB und SHO 3nm) sowie ein Off Axis Guiding (OAG) QHY-OAG mit FW3 mit einer ASI 174MM Nachführkamera sowie einen Sesto II Fokusmotor.

Mit dem Hyperstar 420 mm und f/2.8 mit 150 mm Öffnung verwende ich ein sehr lichtstarkes Newtonteleskop. Gegenüber einem Teleskop mit Blende f/4 halbiert eine Blende von f/2.8 die Belichtungszeit!

mit dem Lacerta 1200/300 mm mit Celestron CGX

Seit dem Frühjahr 2025 nutze ich das neue Newtonteleskop von Lacerta mit 1200 mm Länge und 300 mm Öffnung. Es ermöglicht mit einer enormen Lichtstärke von f/4 hervorragende Detailaufnahmen wie hier in diesem Buch zB den Adlernebel M16, diw Whirlpoolgalaxie M51, den Bodenebel M81 und den Tulpennebel Sh2-101.

Momentan verwende ich die bereits vorhandene Nachführung (Montierung) Celestron CGX. Mit einer Nutzlast von 25 kg ist sie aber eigentlich zu schwach für das 16 kg schwere Teleskop, dem Kamerasystem mit Zubehör sowie 15 kg Gegengewicht. Besser wäre eine Montierung mit einer Nutzlast von >30 kg.

Monokamera QHY268M mit individuellem Reiseset

Als Montierung für das leichte 420 mm Teleskop reicht aber mein iOptron HEM27EC, das ich mit nur 4 kg Eigengewicht, aber 13 kg Nutzlast auch als Reisemontierung verwende.

Da das 420 mm Teleskop für Reisen zu sperrig ist habe ich ein sehr individuelles Set zusammengestellt: Ein Canon EF Vollformat Zoomobjektiv mit 70-200 mm und durchgehender Blende f/2.8. Den Pegasusmotor V3 habe ich mit einem geeigneten Zahnriemen zur Schärfeneinstellung des Objektivs durch die Steuerungssoftware individuell adaptiert! Hier sieht man auch noch einen 1,4x Konverter, der zwar die Brennweite auf 280 mm erhöht, aber die Blende damit auf f/4 halbiert.

Besonders wichtig bei monochromen Aufnahmen: die Nachbearbeitung. Mehr Informationen zu meinen unterschiedlichen Aufnahme- und Verarbeitungstechniken nun auf den folgenden Seiten.

Einfache Aufnahmen von Nebeln

Zu Beginn des Buches habe ich einige alltägliche Aufnahmen von Sonne, Mond und Planeten gezeigt. Mit Beobachtungsbegeisterung und etwas Gefühl für Belichtungseinstellungen des eigenen Handys oder der kleinen Fotokamera lassen sich solche Aufnahmen im Regelfall ohne Stativ erstellen.

Helle Sterne am Nachthimmel kann man Freihand mit einem Handy fotografieren. Aufnahmen von dunkleren Nebeln oder Galaxien brauchen aber viele Sekunden oder sogar Minuten Aufnahmezeit, um entsprechend viel Licht zu „sammeln“, also aufnehmen zu können.

Ein Stativ ist notwendig, sobald Objekte fotografiert werden, die keine ausreichende Helligkeit haben. Für Fotografen gilt die Faustregel: ein Normalobjektiv (etwa 50 mm) hältst du bis etwa 1/50 Sekunde, ein Teleobjektiv mit 200 mm dann nur mehr 1/200 Sekunde. Braucht die Kamera zum Belichten länger muss sie auf einem Stativ stehen. Und um Verwackelungen zu vermeiden soll die Aufnahmen mit Auslöseverzögerung gestartet werden.

Da sich die Erde an einem Tag einmal um ihre eigene Achse dreht, bewegt sie sich bei einer Aufnahme von vielen Sekunden oder Minuten aber bereits

In den folgenden Beispielen verwendete ich ein Farbkameraset, das ähnlich dem vorhin beschriebenem ausgestattet ist. Die Frostschicht auf dem Objektiv entstand, als an einem frühen Dezember die Mitternacht bereits überschritten war. Da die Luft aber trocken war, ist das Objektiv trotz fehlender Heizmanschette nicht angelaufen.

Einzelaufnahme mit 30 Sekunden

so weit, dass statt den Sternen nur mehr Strichspuren entstehen würden. Um dies zu vermeiden braucht man Geräte, die diese Bewegung ausgleichen, sogenannte Nachführungen. Sie werden oft auch Montierung genannt, da darauf die Ausrüstung wie Objektive, Teleskope, Kameras etc. „montiert" werden. Ein Astrobild entsteht sehr selten mit einer einzigen Aufnahme. Um mehr Licht „einzufangen" macht man dutzende Aufnahmen, die man dann übereinanderlegt, man sagt dazu auch „stackt" (englisch für stapeln). Bei sehr lichtstarken Objekten wie hier der Lagunennebel kann die Kamera bereits in kürzerer Zeit, wie hier in 30 Sekunden, Bildinformationen sammeln.

Bild: M8_M20_EOSRa-22-6400-2274_1 . Diese Einzelaufnahme entstand mit 30 Sekunden Belichtungszeit. Da die Blende etwa f/7 betrug, musste ich eine hohe Empfindlichkeit (12.800 ASA) wählen. Besser wäre 3200 gewesen, aber da müsste ich dann 4 mal länger belichten, was bei einer einfachen Nachführung speziell bei Sternen rasch zu Strichspuren statt zu Punkten führen könnte.

Einfache Bearbeitung mit Photoshop

Für diese Einzelaufnahme verwendete ich mit der Canon EOS Ra bereits eine astrofähige Kamera, zusammen mit einem 500 mm Canon Objektiv. Unter „astrofähig“ versteht man eine normale Kamera, deren Rotfilter aber ausgebaut wurde, um die typischen roten Farben der Nebel besser belichten zu können.

Um etwas mehr zu sehen, habe ich Farben und Licht dieser Einzelaufnahme mit einem Bildbearbeitungsprogramm verstärkt. Ich verwende dazu Photoshop, es gibt aber auch kostenlose Alternativen wie Gimp und andere.

Um noch mehr Details sehen zu können, müssen mehrere gleiche Aufnahmen übereinandergelegt, also gestackt werden. Für dieses erste Ergebnis habe ich

Bild: M8_M20_EOSRa-22-6400-2274_1-PS CameraRaw InterpoliertA4

Ergebnis mit 33 Einzelbilder

33 Aufnahmen mit 45 bis 90 Sekunden Aufnahmezeit verwendet.

Ich verwendete hier Pixinsight mit dem AutoIntegrate Tool, das für den Stack von Rohaufnahmen (Dateiendung .CR3) meiner Canon Farbkamera EOS Ra sehr gut funktioniert. Ich verwende aber auch sehr oft den Astro Pixel Prozessor. Es gibt auch einfachere Alternativen wie beispielsweise die kostenlosen DeepSkyStacker, Siril und andere.

Nach dem Stacken wurde das Ergebnis wieder in der Bildbearbeitungssoftware Photoshop bearbeitet, speziell Blau und Rot noch zusätzlich hervorgehoben und die Kontraste verbessert.

Bild: M8 M20-2022Juli04-Wfw-EOSRa-C500mm-6400 12800ASA-45 90Seks-33CR3-PI-AI-PS22d-CutofA4

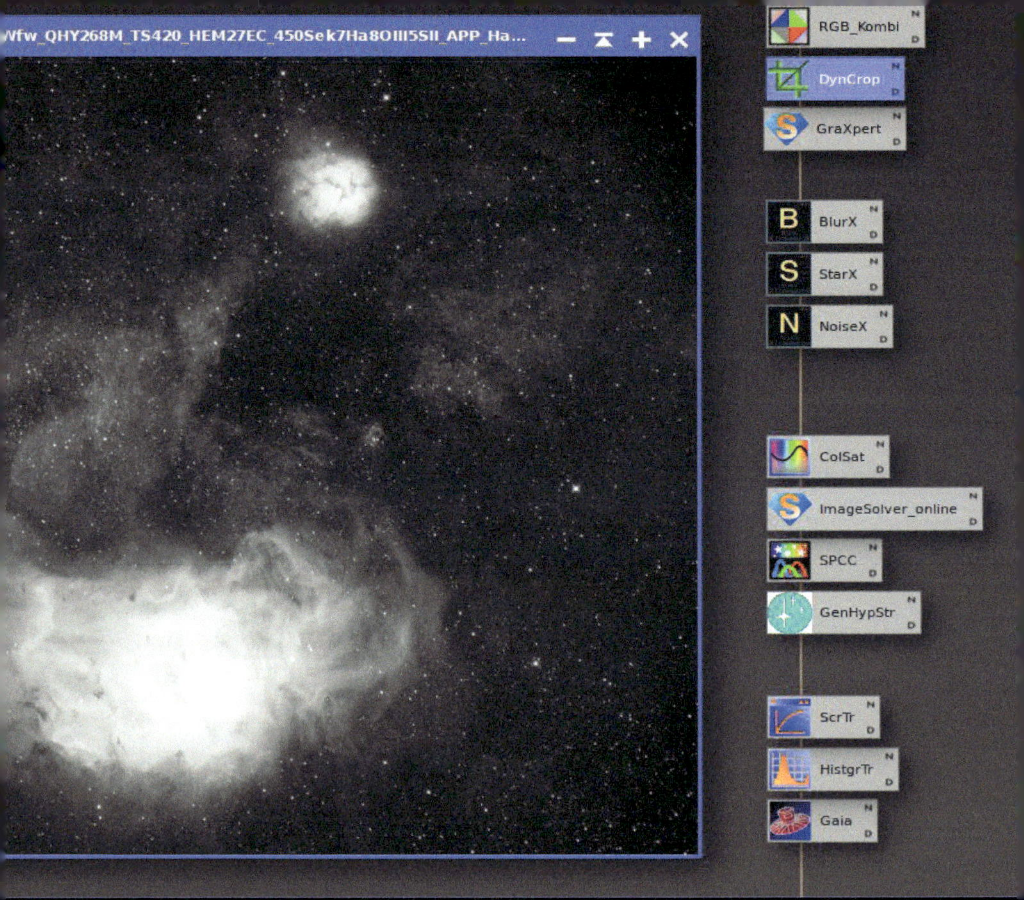

Zusätzliche Entwicklungswerkzeuge

Es gibt viele weitere Entwicklungswerkzeuge, die sich auf die Verarbeitung von Astrofotos spezialisiert haben. An diesem Beispiel sieht man sehr gut, dass die Verwendung solcher Werkzeuge zu wesentlich besseren Ergebnissen führt.

Ausgangsbasis ist wiederum das gleiche Rohbild, ein Stack aus 33 Einzelbildern. Im Gegensatz zur vorigen Entwicklung wurden hier aber weitere Werkzeuge verwendet, unter anderem:

1. BlurX und NoiseX: ein Zusatz zur Detailverbesserung und Sternverkleinerung in Pixinsight
2. GraXpert zum Entrauschen
3. Photoshop mit Camera Raw
4. Topaz AI: ein Zusatz zum Schärfen in Adobe Photoshop

Bild: M8 M20-2022Juli04-Wfw-EOSRa-C500mm-6400 12800ASA-45 90Seks-33CR3-PI-AI DBE BlurX PS23dLegal
Dabei wurden wieder die Sterne in Pixinsight entfernt und die Weiterverarbeitung der sternenlosen Variante erfolgte wiederum mit Rot- und Blauverstärkung. Die Sterne wurden hier aber noch einmal separat auf das fertige, noch sternenlose Bild (siehe nächste Seite) draufgelegt. Die genannten Werkzeuge sind allerdings kostenpflichtig und bewegen sich zwischen 50 bis 100 Euro einmalig, rentieren sich aber, wenn man sie öfter benötigt. Im Gegensatz zu den anderen gezeigten Bildern zum gleichen Motiv ist dieses Bild hier nicht beschnitten, also in Originalgröße.

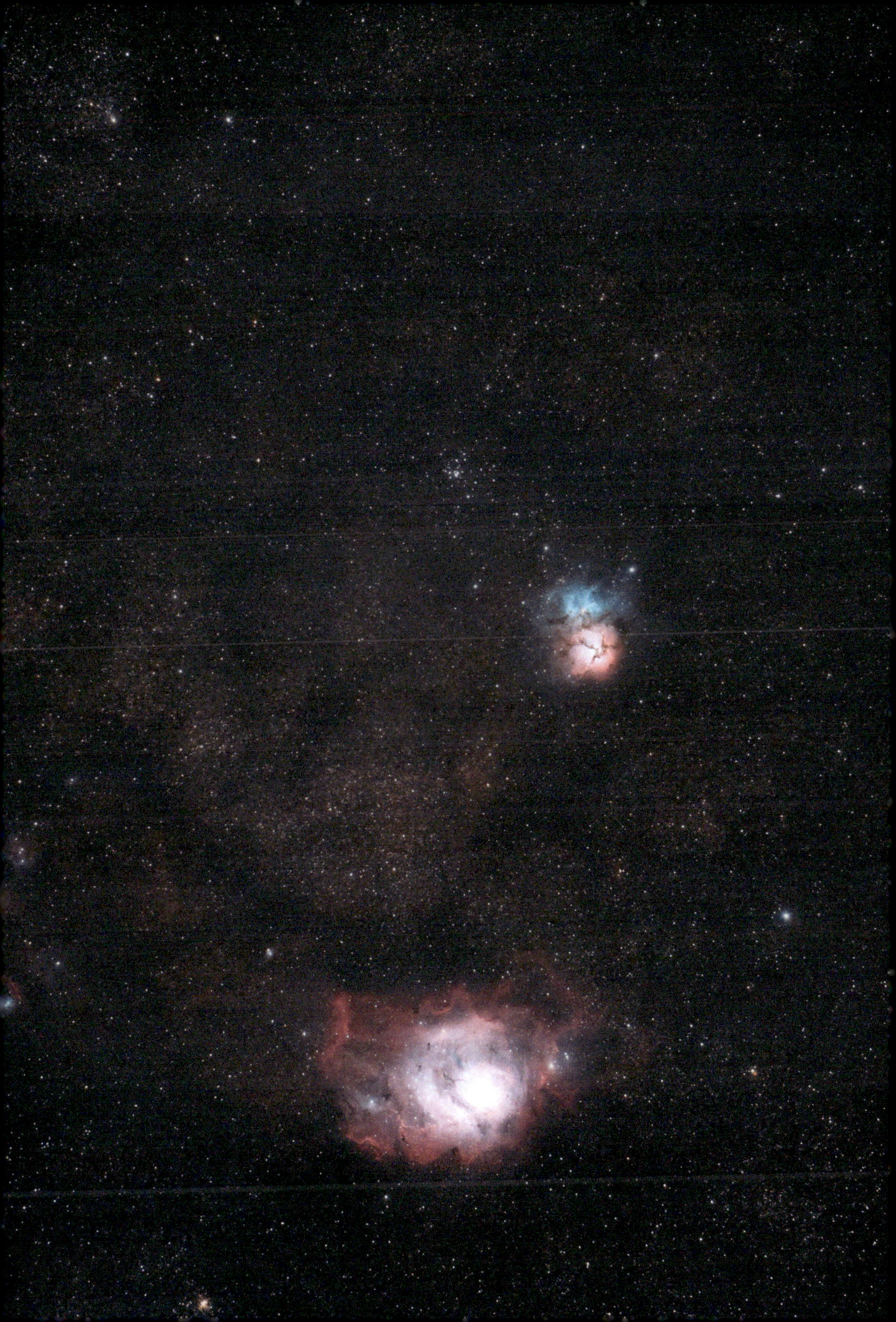

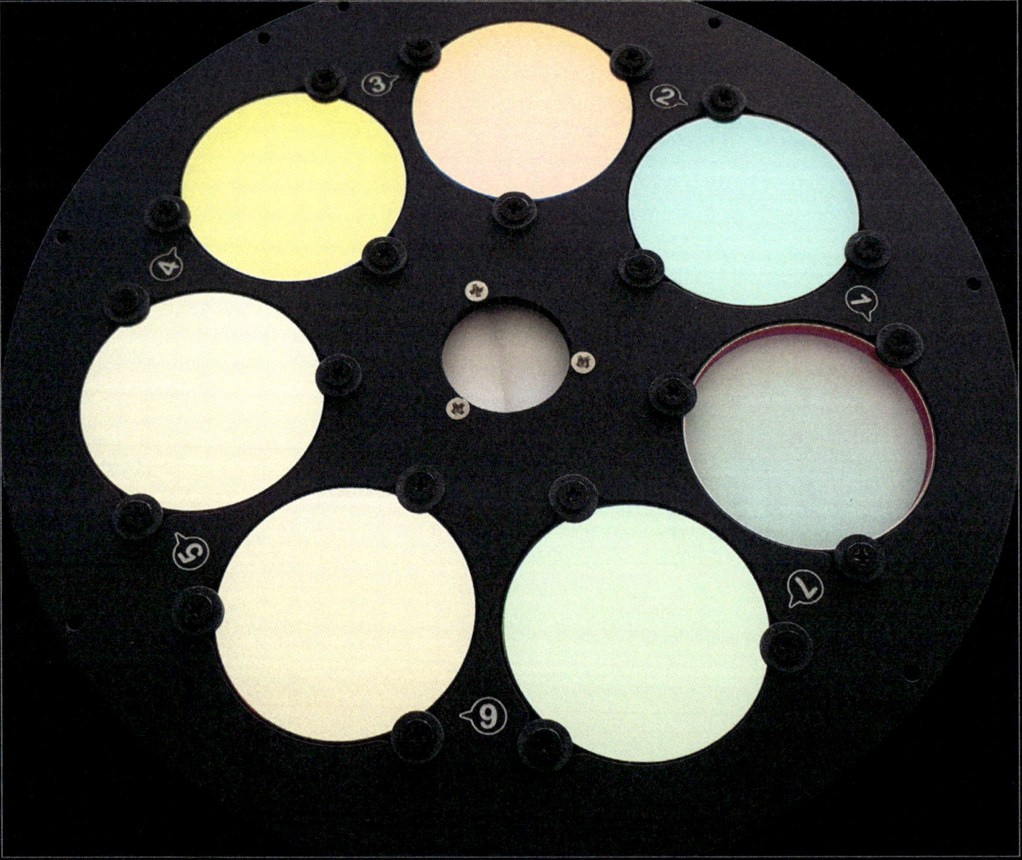

Aufnahmen mit einer Monochromkamera

Monokamera und Farbfilter

Astronomische Aufnahmen sind wie vorhin beschrieben schon mit „normalen“ Farbkameras möglich. Wer jedoch mehr Details, höhere Qualität und strukturierter Farbtiefe erreichen will wird um eine Mono(chrom)kamera mit verschiedenen Farbfiltern nicht herumkommen.

Viele Aufnahmen von Objekten wie Nebeln und/oder Sternenentstehungsgebiete sind wie dieses Beispiel zeigt mit dieser Methode wesentlich besser zu realisieren. Speziell Schmalbandfilter erlauben auch Aufnahmen bei Mond oder anderen unerwünschten Störquellen des Lichtes.

Neben diesen Vorteilen muss man auch die Nachteile beachten: der Einsatz bedeutet höhere Komplexität, mehr finanziellen Aufwand durch mehr Ausrüstung,

Quelle: 20230612_183527.jpg, rechts: M8_M20_NGC6559_Sagittarius_Triplet_2023Aug20_Sept1_Wfw_QHY268M_TS420_HEM27EC_450Sek7Ha8OIII5SII-APP-Ha.tiff

Wasserstofffilter (H-alpha)

einen wesentlich höheren Lern- und Zeitaufwand und einen guten Zugang zu Fotografie, IT und Technik generell.

Was sind nun Schmalbandfilter? Was sind L- und RGB-Filter? Bei einer Aufnahme wie hier mit einem Wasserstofffilter (Schmalbandfilter H-alpha) wird nur ein kleiner Lichtspalt rund um den im roten Licht sichtbaren Bereich des Wasserstoffs aufgenommen.

Was ist aber ein H-alpha Licht? Als H-alpha oder Hα bezeichnet man in der Astronomie und Physik die hellste Spektrallinie des vorwiegend durch Sterne angeregten Wasserstoffs (chemisches Symbol: H) im sichtbaren Licht. Sie liegt im roten Licht bei einer Wellenlänge von 656,28 Nanometer.

Da Wasserstoff das bei weitem häufigste chemische Element im Kosmos ist, sind Beobachtungen mit H-alpha-Filtern für Gasnebel und andere Himmelsobjekte äußerst aufschlussreich.

Nutzung: H-α-Filter: Spektrallinie der H-alpha-Linie des Wasserstoffs bei 656 nm, Nutzung hauptsächlich fotografisch/ CCD-astronomisch für Emissionsnebel (H II-Regionen). Mit Hinweisen aus 1, 6/2024

Wasserstofffilter (H-alpha)

Sauerstofffilter (OIII)

Die Objekte Lagunennebel (unten, M8) und Trifidnebel (M20) sind so lichtstark, dass bereits eine einzige Aufnahme sehr viel Signal (=Licht) im Rotbereich H-alpha liefert. Da diese Aufnahme 7,5 Minuten betrug, ist eine präzise Nachführung mit genauester Einstellung eines lichtstarken Teleskops (f/2.8)und der Kamera notwendig! Links der H-alphakanal, daneben der Sauerstoffkanal (OIII) und rechts der Schwefelkanal (SII) mit jeweils insgesamt 7 Aufnahmen zu je 7,5 Minuten.
Der Spektrallinien OIII des zweifach ionisierten Sauerstoffs liegen im Blaubereich bei 496 nm und 501 nm Bandbreite. Die Nutzung erfolgt hauptsächlich visuell für Planetarische Nebel, Supernovaüberreste und Wolf-Rayet-Objekte.

Quellen: Quelle: M8-Ha- unbearbeitet 1.Sept23_001_450sec_gain_56_offset_60_-10C.jpg Quelle: M8_M20_NGC6559_Sagittarius_Triplet_2023Aug20_Sept1_Wfw_QHY268M_TS420_ HEM27EC_450Sek7Ha8OIII5SII-APP-OIII.tiff Nutzung: O-III-Filter: Spektrallinien des zweifach ionisierten Sauerstoffs bei 496 nm und 501 nm, Nutzung hauptsächlich visuell für Planetarische Nebel, Supernovaüberreste und Wolf-Rayet-Objekte. Mit Hinweisen aus 1, 6/2024

Schwefelfilter (SII)

alle 3 Kanäle summiert

Und hier das gleiche Bild mit Schwefelfilter SII: Der Schwefelfilter nimmt den Schwefel in Objekten wie Sternenentstehungsgebiete auf. Die Spektrallinie des einfach ionisierten Schwefels liegt bei 672 nm und erfordert wie bei allen anderen Schmalbandfiltern eine Belichtungszeit über mehrere Minuten je Aufnahme.
Und zu guter Letzt: alle 3 Kanäle „eingefärbt“ summiert = übereinandergelegt. Das ist mit den meisten Astroprogrammen aber auch mit Fotobearbeitungsprogrammen- in meinem Fall Photoshop - sehr gut möglich.

Quelle: M8_M20_NGC6559_Sagittarius_Triplet_2023Aug20_Sept1_Wfw_QHY268M_TS420_HEM27EC_450Sek7Ha8OIII5SII-APP-SII.tiff, Nutzung: S-II-Filter: Spektrallinie des einfach ionisierten Schwefels bei 672 nm, Nutzung hauptsächlich fotografisch/CCD-astronomisch für Sternentstehungsgebiete.

Zusammengefügt: die Dreiergruppe aus 3 Farbkanälen

Hier nun das komplette Bild der zusammengefügten Variante des Sagittarius Triplett, also der Dreiergruppe im Sternbild des Schützen. Für dieses lichtstarke Objekt reichen bereits wenige Aufnahme zu je 450 Sekunden, in diesem Fall 7 mit H-alpha, 8 mit OIII und 5 mit SII. H-alpha hat die Farbe Rot bekommen, OII Blau und SII gelb-grün.

Würde man die Farben von H-alpha und SII tauschen würde man ein Bild in der sogenannten Hubblepalette bekommen. Diese Farbpalette wurde für das Hubbleteleskop entwickelt, um astronomische Objekte wie Nebel besser betrachten zu können. Im Normalfall müssen weiter noch zusätzliche Aufnahmen im „normalen" LRGB-Bereich (also Luminanz, Rot, Grün und Blau) bspw. mit je ca. 120 Sekunden erstellt werden. Diese werden dann für die farbgetreue Definition der Sterne verwendet.

Auf der nächsten Seite sehen wir abschließend noch am Beispiel des Orionnebels (M42) Vergleiche von Aufnahmen vom Handy bis zur Astrokamera.

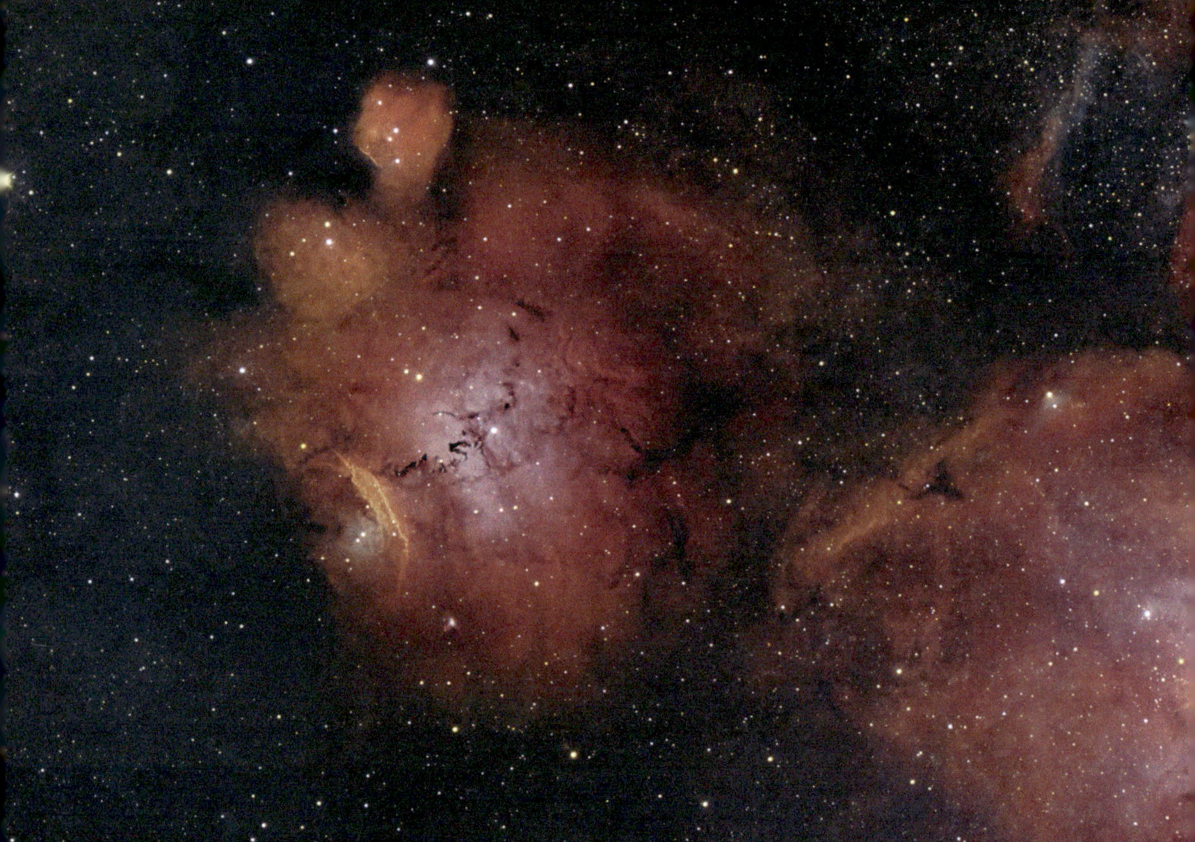

Quelle: M8_M20_NGC6559_Sagittarius_Triplet_2023Aug20_Sept1_Wfw_QHY268M_TS420_HEM27EC_450Sek7Ha8OIII5SII_APP_SHO3_DBE+BlurX+PS23e.jpg

Vergleich einiger Aufnahmegeräte

vom Handy …

Ein unvollständiger Vergleich einiger Aufnahmegeräte zeigt ganz gut welche Möglichkeiten man mit welchem Gerät erwarten kann.

Hier, aufgenommen mit einem **Samsung S10+** Handy der Orionnebel mit Sternen des Gürtels in der Morgendämmerung frei gehalten: Nebel andeutungsweise sichtbar, Sternbild sichtbar.

Kompaktkamera Sony RX- 240 mm-f/2.8, mit dem iOptron Skywatcher nachgeführt: eine Aufnahme mit 30Sek und ASA6400.

Nebel sichtbar, Sternbild mit Oriongürtel sichtbar

Kompaktkamera **Canon M50** mit 150 mm: Einzelbild 60s, 3200ASA, f/6.3, ebenfalls nachgeführt mit iOptron SkyGuider.

Nebel sichtbar, Sternbild mit Oriongürtel sichtbar

Kompaktkamera **Canon M50** wie vorhin, aber Bildausschnitt von 30 Bildern, gestackt und verarbeitet mit Astropixelprozessor (APP), Pixinsight (PI) und Photoshop (PS).

... zur Astromonokamera

Canon EOS Ra, die astromodifizierte Systemkamera mit einem Canon EF-Objektiv mit 200 mm Brennweite und einer Blende von f/2.8 .

22 Farbaufnahmen mit je 60s (die Zeit reicht durch hohe Lichtstärke von f/2.8), Nebel, Sterne und auch der Pferdekopfnebel sind bereits gut sichtbar. Verarbeitung mit APP, PI und PS.

Canon EOS Ra mit einem Canon RF-Objektiv mit 500 mm, mit einem Adapter auf 1000 mm verlängert.

Das Bild vom 9. Feb. 2023 bestehend aus 60 Farbaufnahmen mit je 120 Sekunden und ISO 2500-3200. Verarbeitung mit APP, PI und PS.

CMOS Monokamera **QHY268M** im APS-C Format und einem Newton Teleskop mit 420 mm und f/2.8.

Die Aufnahme besteht aus 79 Monoaufnahmen mit 7 Monofiltern: 17 Aufnahmen zu je 450s mit den drei Schmalbandfiltern und 62 Aufnahmen zu je 120s mit den vier LRGB Filtern. Verarbeitung mit APP, PI und PS.

Bild: M42-Orion-24Mrz2-Wfw-HEM27EC-TS420-17HSO450-62RGB120s

Wegbereiter der modernen Astrofotografie

Galileo Galilei, erste Fernrohre

Johannes Kepler, um 1600

Galileo Galilei (1564-1642) revolutionierte die Astronomie, indem er als einer der Ersten systematisch das Fernrohr zur Himmelsbeobachtung nutzte und verbesserte. Seine wichtigsten Entdeckungen waren die Monde des Jupiters, die Phasen der Venus (die das kopernikanische Weltbild stützten) und die Beschaffenheit der Mondoberfläche. Er wurde zu einem starken Verfechter des heliozentrischen Weltbilds, was ihn in erheblichen Konflikt mit der Kirche brachte. Seine Arbeit markiert den Beginn der modernen beobachtenden Astronomie.

Zu erwähnen ist auch der deutsche Astronom Johannes Kepler (1571-1630), der bis zur Gegenreformation in Graz lehrte und das Teleskop von Galilei bereits 1611 weiterentwickelte. Keplers Gesetze beschrieben zudem mit hoher Genauigkeit die Bewegung der Planeten um die Sonne.

Die ersten Spiegelteleskope waren in den 1630er-Jahren konzipiert worden, hatten aber wegen des gekippten Hauptspiegels große Abbildungsfehler. Wesentlich verbessert wurden sie erst 1663 durch James Gregory und 1672 Laurent ***Cassegrain*** und Isaac ***Newton***. Diese noch heute verwendeten Bauarten des Cassegrain- und Newton-Teleskops wurden zu Prototypen der um 1900 einsetzenden Weiterentwicklung.

Im Gegensatz zur modernen Fotografie musste Galileo Galilei seine Erkenntnisse durch das Linsenteleskop noch händisch aufzeichnen.

Technische Details: Justus Sustermans: Portrait Galileo Galilei, 1636, gemeinfrei [1] Porträt Johannes Kepler: Gemini 2.0, 12.8.2025, Foto von Joseph Nicéphore Niépce: Blick aus dem Arbeitszimmer in Le Gras. 20×25 cm. Durch die 8-stündige Belichtungszeit erscheinen die Gebäude sowohl rechter- als auch linkerhand sonnenbeschienen. Dieses Foto

Die erste Fotografie, 1826

Erster Computer der Welt

„Blick aus dem Arbeitszimmer von Le Gras“ so betitelte Joseph Nicéphore Niépce die vermutlich erste erfolgreich aufgenommene und erhaltene ***Fotografie*** der Welt. Sie wurde 1826 im französischen Saint-Loup-de-Varennes hergestellt. Das Foto zeigt den Blick aus dem Arbeitszimmer von Niépces Gutshof Le Gras. Die erste astronomische Aufnahme, einer Daguerreotypie von John William Draper zeigt den Mond und wurde im März 1840 vom Dach des Observatoriums der New York University aus aufgenommen.

Berlin, 1941: Konrad Zuse baut die Zuse Z3. Was war das Besondere? Die erste funktionstüchtige, programmgesteuerte, binäre Rechenmaschine! Noch aus jeder Menge Relais gebaut. Aber, und das ist entscheidend, wie man später zeigen konnte: Die Z3 war Turing-mächtig. Das heißt, sie konnte im Prinzip – mit dem Speicher, der da war – jeden Algorithmus ausführen. Deswegen sehen wir sie oft als den ersten echten Computer.

Nur fünf Jahre später, 1946, kommt der ENIAC. Entwickelt in den USA. Der große Unterschied: Der ENIAC war der erste vollelektronische Universalrechner. Keine Relais mehr, nur noch Elektronen!

Und heute? Die Entwicklung ist einfach explodiert! Computer sind aus unserem Leben nicht mehr wegzudenken. Beruflich, privat und in der Wissenschaft, in der Astronomie.

gilt allgemein als erstes der Welt. Gemeinfrei, https://commons.wikimedia.org/w/index.php?curid=107219 [1]
Quelle Zuse: Der einzige Zuse Z4, Standort: Deutsches Museum, München, 25 November 2006, CANON PowerShot G7, Clemens PFEIFFER aus 1, 2025. Hinweise aus 1 und 6, 4/2025

Vom VLT bis zum JWT: bedeutendste Teleskope

Es sind die heute modernsten „Augen“ der Menschen in den Kosmos: im Dezember 2021 beförderten Nasa, ESA und CSA, somit die Gemeinschaft vieler Staaten das James Webb Teleskop, kurz JWT in das Weltall. Mit Kosten von 10 Milliarden Dollar ist es das bisher teuerste Teleskop. Es erreichte nach einer einmonatigen Reise den von der Erde 1,5 Million km entfernten Lagrangepunkt. Das System liefert atemberaubende Bilder in nie da gewesener Qualität, s. Bsp. M1 in diesem Buch.

Auch auf der Erde entstehen Teleskope riesigen Ausmaßes: Noch in diesem Jahrzehnt soll das Extra Large Teleskop (ELT, hier in einer künstlerischen Darstellung) in Betrieb gehen. Dieses wird sogar einen Spiegeldurchmesser von 39m(!) haben. Nach seiner Fertigstellung wird es das weltweit größte optische/nahinfrarote Teleskop sein. Es ist Teil der Europäischen Südsternwarte (ESO) und befindet sich auf dem Gipfel des Cerro Armazones in der Atacama-Wüste im Norden Chiles.

Bilder: ESO-Quelle: https://www.eso.org/public/images/eso1225c/ , JWT NASA Science jwst_artist_concept_0 aus https://science.nasa.gov/wp-content/uploads/2024/05/jwst_artist_concept_0.png?w=1041. Kurzer Trailer der ESO vom ELT unter dem QR-Code

VLT-Observatorium am Cerro Paranal

Das Teleskop soll durch adaptive Optik, sechs Laserleitsterneinheiten und mehrere große wissenschaftliche Instrumenten unterstützt werden. Es wird 100 Millionen Mal mehr Licht sammeln als das menschliche Auge, was etwa zehnmal mehr Licht der größten optischen Teleskope ab 2023 entspricht. Es soll über die etwa 250-fache Lichtsammelfläche des Hubble-Weltraumteleskops verfügen und würde nach den Spezifikationen des ELT 16-mal schärfere Bilder liefern als die von Hubble.

Im September 2024 konnte ich mir einen großen Traum erfüllen: Auf einer astro-

Quellen: 20240928_112952.jpg, Hintergrund: ESO: A. Russell/ESO, 8152-pano-cc.tiff, nächste Seite: DSC01504.jpg
Mit Hinweisen aus 1, 6/2024 und ESO

nomischen Reise durch Chile besuchte ich zwei der bedeutendsten Observatorien der Welt: Das **Very Large Teleskop** (VLT) in Paranal und das **Atacama Large Millimeter/submillimeter Array** (ALMA) in der Atacamawüste in Chile.

Beide Observatorien werden von der Europäischen Südsternwarte (ESO) betrieben und bieten astronomische Forschung der Extraklasse wie hier ESO schreibt: *Das VLT ist ein außergewöhnliches Observatorium, das neueste Technik einsetzt. Es besteht nicht nur aus einem sondern vier Haupttelekopen, von denen jedes einen Hauptspiegel mit 8,2 Metern Durchmesser hat* (siehe im Bild links).

Zum Vergleich: die Teleskope „sehen“ Objekte am Nachthimmel bis zu vier Milliarden mal besser als das menschliche Auge!

Am Rande der Atacamawüste

Zum VLT gehören außerdem vier bewegliche Hilfsteleskope mit 1,8 Metern Durchmesser. Zu den spannendsten Betriebsmodi des VLT gehört sein Einsatz als gigantisches optisches Interferometer (VLT-Interferometer oder VLTI). Dazu wird das Licht von mehreren der Hauptteleskope oder der Hilfsteleskope so kombiniert, dass der Teleskopverbund den Himmel wie ein fiktives großes Einzelteleskop beobachtet, dessen Durchmesser dem Abstand zwischen den am weitesten voneinander entfernten zusammengeschalteten Einzelteleskopen entspricht. Beim VLTI beträgt diese Strecke unter Verwendung der Hilfsteleskope bis zu 200 Metern.

Das VLT steht auf 2.700m Höhe auf dem Cerro Paranal. In dieser meiner Aufnahme vom September 2024 sieht man besonders gut die optimalen klimatischen Gegebenheiten für die Astronomie in der Atacamawüste: Wolken und Feuchtigkeit, die vom Pazifik an die Westküste drängen werden ganzjährig auf etwa 2.000m Höhe vom Randgebirge der Atacamwüste wirksam aufgehalten. Hunderte Kilometer weiter östlich halten die 6.000m hohen Anden die Wolken vom ALMA-Observatorium ab.

ALMA-Observatorium auf 5100m Höhe

Da stehen sie, 66 haushohe Dinger, die Teleskope des ALMA-Observatoriums, auf 5100m Höhe auf der Hochebene Chajnantor, atemberaubend, auch im wahrsten Sinne des Wortes. Auf einem der weltweit höchstgelegenen Beobachtungsstandorte „sehen“ die Teleskope nicht im sichtbaren Licht, sondern im Radiowellenbereich oder exakt im Millimeter- bis Submillimeterbereich. Damit konnten revolutionäre Ergebnisse wie die Entstehung von Planenten in neu sich bildenden Sonnensystemen oder das schwarze Loch der Milchstraße erforscht werden. Für Letzteres gab es 2020 sogar den Nobelpreis für Physik. Im Bild links einige der 66 Teleskope des ALMA-Observatoriums auf 5100m Höhe. Im Bild

Quellen: 20240930_110638.jpg, Hintergrund: DSC01613.jpg, nächste Seite: DSC01591.jpg. Mit Hinweisen von ESO

ALMA-Rechenzentrum auf 3000m Höhe

rechts ein Blick auf das Rechenzentrum des ALMA-Observatoriums in immerhin noch 3000m Seehöhe.

Im Hintergrund die trockene, etwa 2400m hoch gelegene Atacamwüste, ein Ort mit idealer Voraussetzung für astronomische Beobachtungen, auch für mich als Amateurastronom.

Auf der nächsten Seite ein Panoramabild der gesamten Anlage, das ich Ende September 2024 vor dem Hintergrund der faszinierenden und bis zu 6000m hohen Anden-Vulkane in der Atacama machen konnte.

Observatorien, für jedermann via Internet bedienbar

Sehr viel kleiner sind die Dimensionen Millionen erdgebundener Teleskope wie meine kleine Gartenanlage, aber auch größere wie zum Beispiel der Observatoriumspark von Oratava auf Teneriffa.

In meiner Aufnahme vom März 2023 (Samsung Galaxy S10) sieht man vom Gipfel des 3715 m hohen Teides auf Teneriffa (Spaniens höchsten Berg) diesen Observatoriumpark von Oratava. Manche der Systeme sind über Fernsteuerung per Internet (Remote, beispielsweise www.slooh.com) um kleines Entgelt für jedermann/frau täglich nutzbar. Der enorme Preis des James Webb Teleskop, aber auch die Nutzung anderer teurer Anlagen ist für mich und ich denke für uns alle ein schönes Beispiel für die Faszination des Kosmos und unserem Planeten Erde sowie zur Forschung und zum Erkenntnisgewinn.

Es spendet auch Kraft, um sich mit vielen anderen Fragen der Menschheit, angefangen von kriegerischen Konflikten bis hin zum Klimawandel beschäftigen zu können.

Kleine Astronomiegeschichte

Als der Polarstern „Thuban“ hieß

Den Ägyptern diente bereits vor 4800 Jahren der Nordstern zur Navigation und Ausrichtung seiner Bauten. In dieser Zeit war dies aber nicht Polaris sondern Thuban (siehe Grafik unten), ein heißer, bläulich-weißer Doppelstern, der etwa vier Mal so groß wie die Sonne ist.

Für Astrofotografen ist heute Polaris der vermeintlich fixe Nordstern, um den sich quasi der Nachthimmel dreht und der für die Ausrichtung der meisten Aufnahmesysteme von großer Bedeutung ist. In der Simulation, die ich mit der Software SkySafari gemacht habe, war vor 4800 der heutige Nordstern Polaris mit etwa 21° näher am Horizont als am Zenit. Was ist in weiteren Jahrtausenden? In 5500 Jahren ist Alderamin der neue Nordstern, er stand vor 4800 Jahren erst knapp über dem Horizont. Und in etwa 21.000 Jahren wird es wieder Thuban sein, Die Erdachse pendelt also wie ein Kreisel!

Bild aus 138 Aufnahmen mit je 10 Sekunden mit EOS-Ra, Quelle: EOS-Ra-2025Aug12-138jpg10s-3200ASA-Startrail-PI-ImageIntegrationCombinationMaximum. Grafik aus Screenshot_2025-01-04-17-37-42-971_com.simulationcurriculum.skysafari6pro, Bild mit freundlicher Genehmigung von Starry Night Education. Animation Startrail per QR-Code

Die Geschichte der Astronomie ist eine Reise von der puren Neugier zu bahnbrechender Wissenschaft! Alles begann, als die Menschen schon in der Steinzeit fasziniert zum Himmel blickten.
Sie bauten Observatorien wie die Kreisgrabenanlage von Goseck oder das beeindruckende Stonehenge, dessen ausgeklügelte Anordnung ich vor längerer Zeit bewundern konnte.
Ein beeindruckender Höhepunkt dieser frühen Himmelsbeobachtung, ist die

Quelle, gemein: https://de.wikipedia.org/wiki/Geschichte_der_Astronomie#/media/Datei:Nebra_Scheibe.jpg Stonehenge_cloudy_sunset_Jeffrey Pfau_Wiki_common.jpg. Aztec_Sun_Stone_Replica_cropped_schwarz.jpg , common auss 1,8/2025. Mit Hinweisen aus 1, 6/2024 sowie 6, 17.8.2025 und https://www.sn.at/wiki/Himmelsscheibe_von_Nebra

Observatorien antiker Kulturen

Himmelsscheibe von Nebra. Eine fast 4.000 Jahre alte, aus Bronze und Gold geschmiedete Himmelskarte – der erste kalendarische Datenträger der Menschheit, der in dem 1479 entwickelten Sonnenstein der Azteken einen weiteren späten Höhepunkt fand. Der entscheidende Sprung kam schon früher mit den Babyloniern; sie begannen nicht nur zu staunen, sondern zu messen! Sie verstanden die Bahnen der Planeten und sagten Finsternisse vorher, der Anfang der Wissenschaft!

Das Rohmaterial Kupfer der Himmelsscheibe kam übrigens aus meiner Pongauer Nachbarschaft, dem Mitterberger Kupferrevier in Mühlbach am Hochkönig!

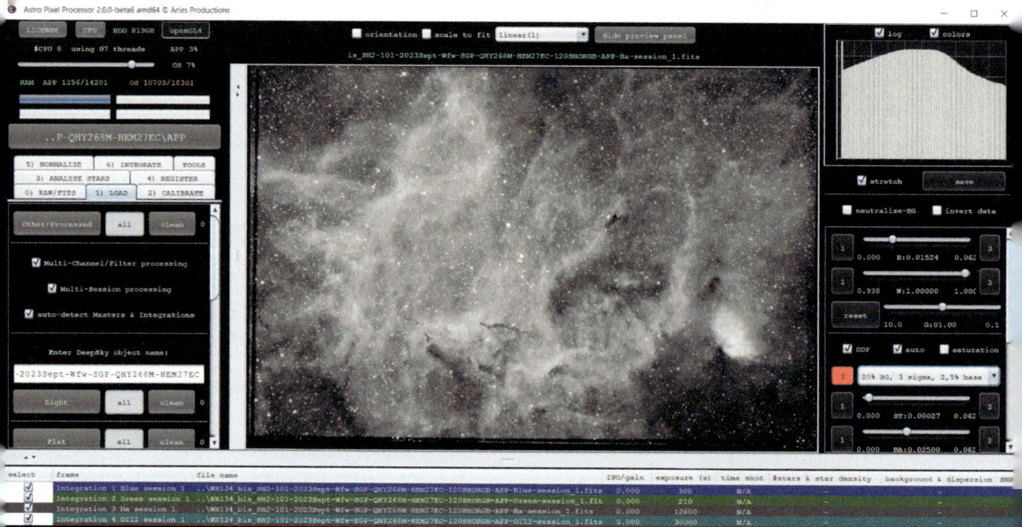

Software

Um aus Aufnahmen gut sichtbare Ergebnisse zu bekommen, müssen mehrere Bilder vom gleichen Objekt erstellt und übereinandergelegt, also gestackt werden. Ich verwende dafür APP (Astro Pixel Prozessor), PI (Pixinsight) und weniger das kostenlose DSS (Deep Sky Stacker).

Im Bild sieht man den fertigen Stackvorgang des H-alpha Kanals von WR134 und Sh2-101 (Blauer Diamant und kosmische Blüte) mit dem Astro Pixel Prozessor.

Für die weitere Verarbeitung und Finalisierung nehme ich Pixinsight mit GraxPert, BlurX, NoiseX und Photoshop u.a. mit Topaz Denoise AI. Statt Photoshop gibt es auch kostenlose Alternativen wie Gimp, mit der ich persönlich aber noch nicht gearbeitet habe.

Zur genauen Planung und Simulation des Sternenhimmels in verschiedenen Gegenden verwende ich die App SkySafari, es gibt aber auch andere wie das webbasierende https://stellarium-web.org/.

Für die wichtige Astrowettervorschau hat sich https://www.meteoblue.com/de/wetter/outdoorsports/seeing/ bestens bewährt. Den besten Platz für die Beobachtung hinsichtlich der Lichtverschmutzung kann man mit der Website www.lightpollutionmap.info ausfindig machen.

Bildquelle: Verarbeitungsbeispiel WR134 mit sh2-101 mit Astro Pixel Prozessor. Bild: APP-2023-09-12.jpg

Wichtige Begriffe

Abkürzungen:

AU: Astronomische Einheit, die durchschnittliche Entfernung zwischen Erde und Sonne (etwa 149,6 Millionen Kilometer).

LY: Lichtjahr, die Entfernung, die Licht in einem Jahr zurücklegt.

RA: Rektaszension, eine der Koordinaten im äquatorialen Koordinatensystem, vergleichbar mit der geografischen Länge.

DEC: Deklination, die andere Koordinate im äquatorialen Koordinatensystem, vergleichbar mit der geografischen Breite.

Abkürzungen aus den Bildtiteln

QHY26M: Monokamera
HEM27EC: iOptron Montierung
TS420: Hyperstar Newton Teleskop 420 mm, 6" und f/2.8
Lac1200: Lacerta Newton Teleskop 1200 mm, 12" und f/4
CGX: Celestron CGX Montierung
10SHO450s: in Summe 10 Aufnahmen mit den Filtern Ha, OII und SII mit jeweils 450 Sekunden
12LRGB120s: in Summe 10 Aufnahmen mit den Filtern Luminanz, Rot, Grün und Blau mit jeweils 120 Sekunden
APP: Aufnahmen mit Astro Pixelprozessor gestackt
PI, PS: Aufnahmen mit Pixel Insight, Photoshop verarbeitet
MFsMFDsMDsMBs: Verwendung von Masterflats, Masterdarkflats, Masterdarks und MasterBias
Nik6: Verwendung des PS-Verarbeitungs-Addon Nik6

Asteroid: Ein kleines, felsiges Objekt, das die Sonne umkreist. Die meisten Asteroiden befinden sich im Asteroidengürtel zwischen Mars und Jupiter.

Big Bang (Urknall): Die Theorie, dass das Universum vor etwa 13,8 Milliarden Jahren in einem extrem heißen und dichten Zustand entstanden ist und sich seitdem ausdehnt.

Blauverschiebung: Die Verschiebung des Lichtspektrums eines Objekts zu kürzeren Wellenlängen, die auf eine Annäherung des Objekts an den Beobachter hinweist. Bekannt ist dieser Effekt auch vom Doplereffekt, siehe unten.

Bortle: Skala 1 (sehr gut) bis 6 (hohe Lichtverschmutzung, also sehr schlecht). Meine Gartensternwarte hat Bortle 3, im Lungau erreiche ich den tollen Wert bis Bortle 2, den absoluten Bestwert von Bortle 1 hat zB die Wüste in Namibia oder Atacama in Chile.

Cepheiden: Die entscheidende Beziehung zwischen der Pulsationsperiode und der Leuchtkraft der Cepheiden, die sie zu so wichtigen Werkzeugen für die Entfernungsbestimmung macht, wurde von der amerikanischen Astronomin Henrietta

Swan Leavitt Anfang des 20. Jahrhunderts entdeckt. Sie werden u.a. zur Bestimmung von Entfernungen in der Astronomie verwendet.

Doppler-Effekt: Die Änderung der Frequenz oder Wellenlänge von Licht oder Schall, die eintritt, wenn sich die Quelle und der Beobachter relativ zueinander bewegen. Dies bedeut, dass sich bei herannahenden Objekten (zB bei Einsatzfahrzeugen) die Frequenz erhöht und beim Entfernen wieder niedriger wird.

Ekliptik: Die scheinbare Bahn der Sonne vor dem Hintergrund der Sterne im Verlauf eines Jahres, die auch die Ebene definiert, in der die Planeten unseres Sonnensystems um die Sonne kreisen.

Exoplanet: Ein Planet, der einen Stern außerhalb unseres Sonnensystems umkreist.

Fluchtgeschwindigkeit: Die Mindestgeschwindigkeit, die ein Objekt erreichen muss, um der Schwerkraft eines Himmelskörpers zu entkommen. Sie müssen bei vielen Satelliten, die die Erde umkreisen mindestens 25.000 km/h betragen.

Galaxie: Ein großes System aus Sternen, Gas, Staub und Dunkler Materie, das durch die Gravitation zusammengehalten wird. Beispiele sind die Milchstraße und Andromeda.

Interstellare Materie: Gas und Staub, das den Raum zwischen den Sternen in einer Galaxie füllt.

Ionisation: Der Prozess, bei dem ein Atom oder Molekül ein oder mehrere Elektronen verliert und somit zu einem elektrischen Teilchen wird.

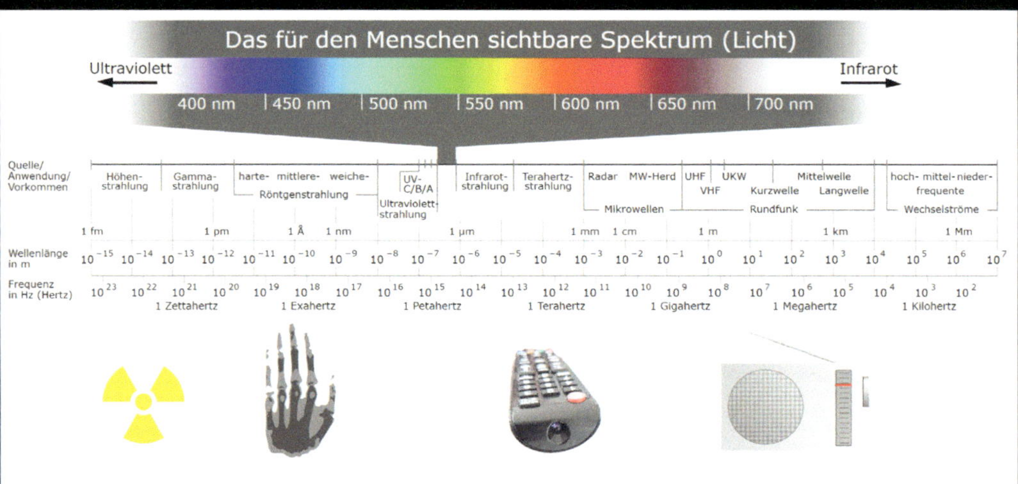

Quelle Spektrum: https_de.wikipedia.org_wiki_Elektromagnetisches_Spektrum__media_Datei_Electromagnetic_spectrum_-de_c+PS24a , bearbeitet mit Photoshop

Jahr: Die Zeit, die die Erde benötigt, um einmal die Sonne zu umkreisen (etwa 365,25 Tage).

Jovianische Planeten: Gasriesen wie Jupiter, Saturn, Uranus und Neptun, die hauptsächlich aus Wasserstoff und Helium bestehen.

Kataloge: Um die Bezeichnungen der astronomischen Objekte für alle besser nachvollziehen zu können gibt es ein paar Dutzend astronomische Kataloge, die man im Internet (wiki etc.) nachlesen kann. Die gebräuchlichsten, die ich auch in diesem Buch verwendet habe sind:

M, von 1 bis 110: Messier: das bekannteste Verzeichnis heller Himmelsobjekte
NGC: Neuer General Katalog für galaktische Nebel, Sternenhaufen und Galaxien
IC: Indexkatalog für galaktische Nebel, Sternenhaufen und Galaxien

Der wohl bekannteste ist der Katalog von Charles Messier (1764-1782) aus Lothringen, eigentlich ein „Kometenjäger" seiner Zeit, der aber bereits über Fernrohre mit bis zu 7m (!) Brennweite verfügte und dem damit aber trotzdem ohne die heute üblichen technischen Hilfsmittel die Kategorisierung der wichtigsten Himmelsobjekte gelang.

Die beiden anderen wichtigen und mit jeweils mehreren tausend Einträgen sehr umfangreichen Kataloge sind von Johan Ludvig Emil Dreyer (1852-1926), einem dänischen, aber in Irland tätigen Astronomen. Der NGC (New General Catalogue of Nebulae and Clusters of Stars) umfasst 7840 Objekte, die IC (Index Catalogue I und II) insgesamt 5386 Objekte

Der Arp-Katalog wurde von Halton Arp in den 1960er Jahren zusammengestellt und 1966 veröffentlicht. Arp suchte in eigenen Arbeiten und Listen anderer Astronomen nach Gruppen von Galaxien und Galaxien ungewöhnlichen Aussehens.

Kosmische Hintergrundstrahlung: Die Mikrowellenstrahlung, die aus allen Richtungen des Universums kommt und als Reststrahlung des Urknalls interpretiert wird.

Kuipergürtel: Eine Region des Sonnensystems jenseits der Umlaufbahn von Neptun, die zahlreiche kleine, eisige Körper und Zwergplaneten enthält.

Leuchtkraft: Die Gesamtenergie, die ein Stern oder ein anderes Himmelsobjekt pro Zeiteinheit abgibt.
Lichtjahr: Die Entfernung, die Licht in einem Jahr zurücklegt (etwa 9,46 Billionen Kilometer).

Lichtjahr: 299.792, 458 * 60 * 24 * 365 = 157.570.915.924 km. Die Sonne ist 149,6 Millionen km von der Erde entfernt, das Sonnenlicht braucht also 8 Lichtminuten, bis es auf die Erde eintrifft.

MAG: ist die Helligkeit der Strahlungsleistung je m2 in Mag(nitude), gut erklärt unter

SW 210,1° Höhe 24,5°
44,2° x 63,1°
NGC 6934
20h
FPS: 54,3
Tarazed
Altair
18h
+00°
Wild Duck Cluster
M 26
+00°
M 14
Barnard's Galaxy
Little Gem Nebula
M 75
Pluto
Eagle Nebula
Omega Nebula
M 18
M 25
Sagittarius Star Cloud
M 23
-30°
Nunki
M 22
M 21
Sabik
M 55
SagDEG
Lagoon Nebula
M 9
Ascella
Kaus Borealis
M 54
Kaus Media
M 70
M 69
Kaus Australis
M 19
SW
Mi. 13/09/2023 22:07:49
1 Stunde
Jetzt

https://www.leifiphysik.de/astronomie/fixsterne/grundwissen/scheinbare-sternhelligkeit

Mag 1 ist somit 100x heller als Mag 6:

$$10^{\frac{(6-1)}{2,5}}$$

Mag 21,81 (Gartensternwarte) zu 21,92 in manchen Orten im Lungau 2,5 mal (10 hoch 0,4) dunkler. Hier ein paar Beispiele

+ Sonne, Stern −26,832 mag
+ Vollmond, Mond −12,73 mag
+ Venus, Planet −4,67 mag
+ Jupiter, Planet −2,94 mag
+ Plejaden, Offener Sternhaufen 1,6 mag
+ Polarstern, Stern 1,97 mag
+ Andromeda, Galaxie 3,4 mag
+ Orionnebel, Emissionsnebel 3,7 mag

Das menschliche Auge kann bei guten Suchbedingungen Objekte bis maximal mag 4 noch wahrnehmen.

Meteor: Ein Lichtstreifen am Himmel, der entsteht, wenn ein Meteoroid in die Erdatmosphäre eintritt und verglüht.

Messier-Katalog: Ein Katalog von 110 Nebeln, Sternhaufen und Galaxien, zusammengestellt von Charles Messier im 18. Jahrhundert.

Montierungen: sind Vorrichtungen, die während der (langen) Belichtungszeit die Erdbewegung „nachdrehen" und somit die Kamera immer den gleichen Ausschnitt im Weltall ansehen lassen. Damit sind Aufnahmen bis zu 20 und mehr Minuten möglich. In der Zeit sammelt die Kamera im Gegensatz zum menschlichen Auge das geringe einfallende Lichte. Ich selbst verwende unter anderem diese, eher noch leichtere Montierungen:

HEM27EC: iOptron (Reise-)Montierung für bis zu 13 kg Last
CGX11: Celestron Montierung für bis zu 21 kg Last
iPolar Skyguider Pro: für geringe Last wie zB Fotokameras mit Teleobjektiv bis zu 2 kg Last

Rotverschiebung: Die Verschiebung des Lichtspektrums eines Objekts zu längeren Wellenlängen, die auf eine Entfernung des Objekts an den Beobachter hinweist. Je weiter sich ein Objekt entfernt umso länger = höher ist die Wellenlänge von Rot, siehe Dopplereffekt oben.

Schwarzes Loch: Ein Objekt, dessen Schwerkraft so stark ist, dass nichts, nicht einmal Licht ihm entkommen kann.

Software: siehe oben

Supernova: Eine gewaltige Explosion, die auftritt, wenn ein massereicher Stern sein Leben endet, dabei große Mengen an Energie freisetzt und die umgebenden Materie ins All schleudert.

Sternenbilder: Insgesamt gibt es 88 Sternbilder. Die meisten Beobachtungen

Quelle: Sky Safari Pro, Bild: Screenshot_20230913_151213_SkySafari 6 Pro.jpg, mit freundlicher Genehmigung von Starry Night Education. Begriffsdefinitionen mit Hinweisen aus 5, 6/2024

mache ich im Sommer und im Herbst im Sternbild des Schützen (Sagittarius oder kurz Sgr u.a. mit den Objekten M8, M16, M17 und M20) oder im Herbst und im Winter im Sternbild des Orion (kurz Ori bspw. mit den Objekten M42, IC434 etc.)

Transit: Ein Ereignis, bei dem ein kleineres Himmelsobjekt vor einem größeren vorbeizieht, wie beispielsweise ein Planet vor der Sonne.

Quellennachweise

1 Wikipedia, Datum
2 Nasa, Datum
3 SkySafari
4 Google, Datum
5 ChatGpt, Datum
6 Gemini, Datum

Stichwortregister

L

M

N

T

U

V

W

Y

Z

Nachwort und Danksagung

Wasserstoff ist also eines der häufigsten Elemente des Kosmos. Wie hier im Nordamerika- und Pelikannebel (NGC 7000 und IC 5070) werden diese über mehrere Minuten mit dem H-alpha Filter erstellt uns später mit der richtigen, üblicherweise roten Farbe versehen. Siehe dazu mein Bild mit allen Farbkanälen hier im Buch.

Es ist für mich immer wieder faszinierend, wenn solche Strukturen nach einigen Minuten Belichtung quasi aus dem Nichts entstehen. Vielleicht konnte ich auch bei Ihnen etwas von dieser Faszination wecken.

Nachdem Sie es also bis hierher geschafft haben, möchte ich mich sehr herzlich für Ihr Interesse mit einem Spruch von Khalil Gibran bedanken:

„Die Sonne lehrt alle Lebewesen die Sehnsucht nach dem Licht. Doch es ist die Nacht, die uns alle zu den Sternen erhebt“

Danken möchte ich an dieser Stelle Frau ***Dr. Julia Weratschnig***, Chefastronomin der von mir hoch geschätzten VEGA-Sternwarte des Haus der Natur in Salzburg. Sie ist Doktorin der Astrophysik und hat mich und mein Buch wissenschaftlich begleitet. Für mein technisches Equipment, für den perfekten Ablauf von der Bilderfassung bis zur finalen Fertigstellung stand mir ***Daniel Nimmervoll*** mit seinen unzähligen Videotutorials aber auch persönlich immer wieder zur Seite, dafür möchte ich auch ihm danken. Mein Dank gilt nicht zuletzt unseren Familien und unseren Freunden. Meiner Begeisterung sind sie nicht nur mit Geduld, sondern auch mit vielen Hinweisen für die Entstehung dieses Buches begegnet.

Alle Informationen habe ich nach besten Wissen erstellt. Sollten Sie Fehler festgestellt haben, Anregungen haben oder mir aus anderen Gründen etwas mitteilen wollen, freue ich mich über eine Nachricht über meine Medien www.fascinationcosmos.com oder www.instagram.com/fascination_cosmos/

Franz Rettenbacher

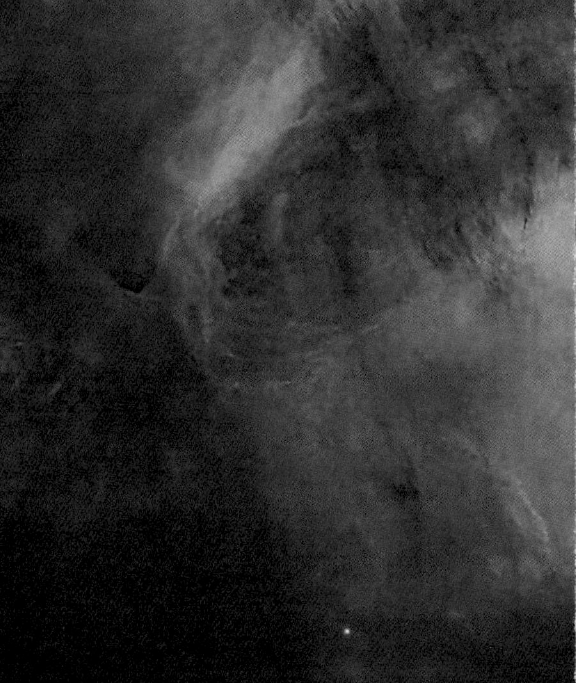

Bild: NGC7000_IC5070-2023Juli9-WfW-HEM27EC-QHY268M-Canon200-16Fits-APP-Hydrogen-alpha-session_1_noStars, erstellt mit QHY268M auf einem Canon Objektiv mit 200mm, f/2.8